MINIATURE
LEATHER CRAFT

可愛袖珍皮革創作配件

監修
大河渚

Prologue
前言

「皮革」的魅力就在於獨特的觸感和質感，將皮革化為
包包和鞋子等物品，就可以廣泛運用在我們的日常生活
中。溫潤柔軟的手感，以及在歲月沉澱下的韻味，都令
人愛不釋手。

本書將為大家介紹如何利用風格獨具的皮革，製作出
「精巧可愛的配件」。袖珍配件的創作主題，除了實際
上真的會用皮革製成的包包和鞋子之外，我們還稍作變
化，製作出實際上不會用皮革製作的相機。即便單純擺
在層架上或窗邊，就成了可愛的裝飾，而大家還可以裝
上五金製作成隨身佩戴的飾品，或是製作成包包吊飾和
鑰匙圈。

本書有趣之處就在於不但有像實物般一針一線的縫線作工，連細節都遵循傳統的手法，更展現了袖珍創作才能呈現的設計和樂趣。

本書介紹的技巧雖然都是入門的基本，但其實很少有一定要照本宣科的作法。我覺得身為創作者的各位可以在了解基本技巧的前提下，依照自己想創作的物品、作業環境和自己的習慣等情況，自行變化設計。例如想做得更迷你、想做出更接近實物的設計、想一次大量製作等，因應自己想嘗試的皮件工藝風格，各種類型的創作要領都有些微的不同。

這個道理也適用於作品設計。希望大家都能開心地展現個人特色，創作出屬於自己的皮件風格。

Contents

目錄

皮製袖珍配件所需的基本和進階課程

基本技巧課程

進階技巧課程

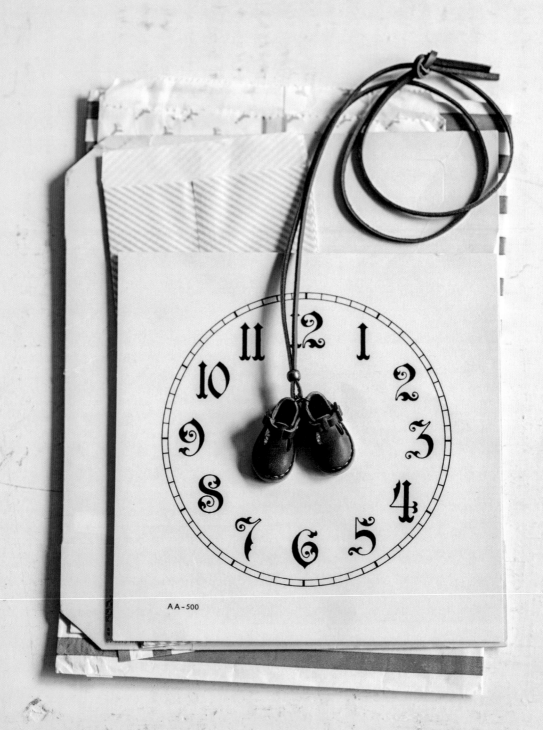

AA-500

1

包頭鞋

鞋墊有可愛印花布料的
迷你包頭鞋。
用圓形環扣住皮繩,
就成了一條項鍊。

size
寬　約 2cm
長　約 3.7cm
高　約 2cm

how to make → P66
design → poucette

2

繫帶鞋

腳踝纏繞的繫帶就是設計亮點。
配合皮革色彩挑選鞋墊,
別有一番樂趣。

size
寬　約 1.8cm
長　約 3.8cm
高　約 1.8cm

how to make → P68
design → poucette

3

馬爾凱包

包包醒目的黃色提把配色，
令人印象深刻。
橢圓形的包底和寬大的包口，
構成可愛的造型。

size
寬　約 4.3cm
高　約 4.3cm（包含提把）
深　約 2cm

how to make → P70
design → poucette

4

綁帶鞋

有綁帶設計的短靴，
連穿繩打結等細節
都講究的作品。

size
寬　約 1.8cm
長　約 3.8cm
高　約 2.5cm

how to make → P72
design → poucette

5

圓筒包

側寬呈圓弧形狀，
再搭配皮帶裝飾，
為包包添加了設計感。

size
寬　約 3.5cm
高　約 2.2cm
深　約 2.2cm

how to make → P71
design → poucette

6

包頭涼鞋

部件少，
楦頭形狀也容易製作，
是初學者最喜歡嘗試的單品。

size
寬　約1.8cm
長　約3.8cm
高　約3cm

how to make → P74
design → poucette

7

工程靴

想做出可愛的作品，
要領就是做出圓圓的楦頭。
鞋內的蕾絲裝飾，
讓鞋款帶點女孩風。

size
寬　約 1.8cm
長　約 3.8cm
高　約 3cm

how to make → P75
design → poucette

8

繫帶涼鞋

這款涼鞋涼爽中又透著高雅氣質，
大家還能變換鞋底的顏色，
呈現不同的風格。

size
寬　約 1.7cm
長　約 3.8cm
高　約 1.5cm

how to make → P76
design → poucette

9

編織包

圓滾滾的橫式包包，
造型可愛。
用細細的皮革交錯編織製成。

size
寬　約 4.3cm
長　約 4cm（包含提把）
厚　約 1cm

how to make → P77
design → 革雜貨工房 UGLY

10

圓底托特包

用柔軟的皮革製作，
形狀厚實。
兩側用縫線點綴，
增添造型亮點。

size
寬　約 5.5cm
高　約 5.5cm（包含提把）
深　約 3cm

how to make → P78
design → Peppermint Green

11

雙色單肩包和書包

粗紋皮革搭配亮澤皮革的設計，
呈現出雙色皮革的質感層次。

◎雙色單肩包
size
短邊　　約5cm
長邊　　約8cm（包含提把）
厚　　　約1cm

◎雙色書包
size
短邊　　約5.3cm
長邊　　約6cm（包含提把）
厚　　　約1cm

how to make → P80~81
design → Peppermint Green

12

相機

將皮革捲繞成內芯，
再包裏一層彩色皮革，
做成這款簡易相機。

size
寬　約 3cm
高　約 3.2cm（不包含提把）
深　約 2.8cm

how to make → P89
design → 革雜貨工房 UGLY

13

復古學生書包

傳統的設計包款，
讓人感受到一股懷舊氣息。

size
短邊　約 4.3cm（不包含提把）
長邊　約 5cm
厚　　約 1.5cm

how to make → P82
design → 手作皮革工房 Oharu Studio
　　　　（矢島春菜）

14

旅行箱

尺寸雖小卻有著形狀分明的方形外觀。
俐落有形，帶點男性風的旅行箱。

size
短邊　約 3.5cm（不包含提把）
長邊　約 5cm
深　　約 1.5cm

how to make → P84
design → Peppermint Green

15

背包

這款背包連細節的作工都細膩講究，
分別使用了麂皮的正反面，
呈現皮革不同的質感風格。

size
寬　約 4.8cm
高　約 6.5cm（包含提把）
深　約 2.3cm

how to make → P86
design → Peppermint Green

16

學生書包

雖然迷你卻能實際裝入物品，
小巧的皮帶裝飾，
正是經典設計的造型重點。

size

短邊　約 4.3cm（不包含提把）
長邊　約 5cm
厚　　約 1.5cm

how to make → P90
design → 手作皮革工房 Oharu Studio
　　　　　（矢島春菜）

17

袖珍書

形狀簡約，從皮革表面和內層紗布縫合。
做得薄一些就可以放進書包中，
增添樂趣。

size

短邊　約 2.4cm
長邊　約 3cm
厚　　約 0.5cm

how to make → P94
design → 手作皮革工房 Oharu Studio
　　　　　（矢島春菜）

18
報童帽

用 6 片部件製成，
形狀厚實，可愛又有型。

size
直徑　4.5cm（不含帽簷）
高　　約 2.5cm

how to make → P92
design → 手作皮革工房 Oharu Studio
　　　　　（矢島春菜）

19

相機

利用四合扣和鉚釘仿製成相機部件。
皮件的色彩搭配，
讓設計充滿玩色之樂。

size
寬　約 2.5cm
高　約 2.8cm（不包含提把）
深　約 1.2cm

how to make → P93
design → 革雜貨工房 UGLY

20

袖珍課本

封面和內頁都是用皮革製作，
這本如課本般的書中，
還用鉛字印出學科名稱，
設計精緻。

size
短邊　約 2.3cm
長邊　約 3cm
厚　　約 1.2cm

how to make → P94
design → 手作皮革工房 Oharu Studio
　　　　　　（矢島春菜）

TECHNIQUE & KNOWLEDGE

TECHNIQUE LESSON

皮製袖珍配件所需的
基本和進階課程

本書的作品尺寸迷你，所以都是
一天即可完成。儘管如此，其中
仍涵蓋許多皮革配件製作的基本
技巧。本篇我們將介紹這些基本
技巧和美麗裝飾的訣竅和要領。
請大家一邊參考，一邊發掘自己
較為順手的製作方法。

監修：大河渚

About Leather

關於皮革

皮革依照動物的種類和加工方法等差異，細分為不同的名稱，而且特色各異。
本篇我們就以書中使用的皮革為例，一起學習皮革的基本知識。

本書使用的皮革

◎鉻鞣革

這是指利用合成劑等化學方法，將各種動物「皮」加工的「皮革」，具有柔軟性，使用範圍廣，容易製作出成品。

◎單寧鞣革

這是指利用植物含有的「澀質（單寧）」，將成年牛等動物的「皮」加工的皮革。單寧鞣革的特色是一旦含有水分就會變得柔軟，即便乾燥也不會變回原狀。在本書刊登的作品中，用來製作出需浸濕塑形的鞋子和袖珍書。

單寧鞣革中未經過染色、塗裝處理的類型稱為原色植鞣革，現在大家漸漸將單寧鞣革廣泛稱為「原色植鞣革」。

◎麂皮

這是指將鹿、羊、小牛等年幼動物的皮革反面打磨加工後，產生細絨面的皮革。

皮革的種類和加工

【皮】

取自動物的表皮，
在這樣的狀態下無法做成製品，
所以必須經過防止腐壞和劣化的
處理。

◎牛

這是代表性的皮革，經常用於皮革製品，
會依照牛的年齡和性別細分皮革種類。

◎山羊

觸感柔軟卻又紮實。成年山羊的皮革稱為
山羊皮，小羊的皮革稱為小山羊皮。

◎豬

一般稱為豬皮，特徵是3孔一組的毛孔，
輕巧、不透氣。

◎綿羊

毛孔小又細緻，觸感柔軟。有小羊皮和綿
羊皮。

【鞣製】

為了避免動物「皮」腐壞並且具
有耐久性，需經過加工處理。這
道「皮革」加工作業稱為「鞣
製」，是將動物皮加工成可做出
皮製品的狀態。鞣製的方式有幾
種類型。

◎單寧鞣

最傳統的鞣製方法，利用植物含有的「澀
質（單寧）」。單寧鞣革一旦含有水分就
會變得柔軟，乾燥時會變硬，而且不會恢
復原狀。

◎鉻鞣

利用合成劑的化學方法，目前許多市售的
皮革製品都是利用鉻鞣製成。不但柔軟又
有彈性。

◎半單寧鞣

活用單寧鞣和鉻鞣兩種方法的特性和優
點，混合鞣製而成。

◎油鞣

使用動物性油（多使用魚油）鞣製出柔軟
的皮革。

【皮革】

「皮」經過「鞣製」處於適合加
工成製品的狀態。皮革會因為
「皮」的種類和「鞣製」的方
法，而區分為各種不同的種類。

◎原色植鞣革

經過單寧鞣製，未經染色和塗裝處理的皮
革。皮革本身的質感就充滿魅力，本書
p15 的其中一款包包就是使用這種皮革。

◎磨砂革

粒面（表面）經過打磨產生絨面質感的皮
革，本書 p17 的包包，有一部分就是使
用這種皮革。

◎椰皮

去除粒面（表面）的皮革，本書 p26 的
袖珍包包的內頁就是使用這種皮革。

Pick Up

關於皮革的表面和背面

粒面

經過加工的皮革表面，這
一面有毛孔，通常觸感光
滑。有時會再經過染色、
壓紋等加工。

皮革背面

粒面的背面，稍微有點起
毛，所以很注重內襯的作
品（例如包包內裡）建議
皮革背面要經過打磨處
理。

皮革邊緣

皮革的切面部分，雖然也
可以不收邊，但是一般大
多會經過打磨處理，使邊
緣變得光滑。

Point

**皮革背面也可用於
製品的表面設計**

大家也可以分別將皮革的正面
和背面設計在同一個作品中，
將皮革背面的顏色和質感當作
設計亮點。

皮革背面

Tools
關於工具

皮革工藝有專屬的工具，但是有些可以利用身邊的工具代替。
如果要製作比較迷你的作品，即便沒有備齊本篇介紹的工具，也能充分享受創作的樂趣。
請配合想要創作的作品，從所需的工具開始準備吧！

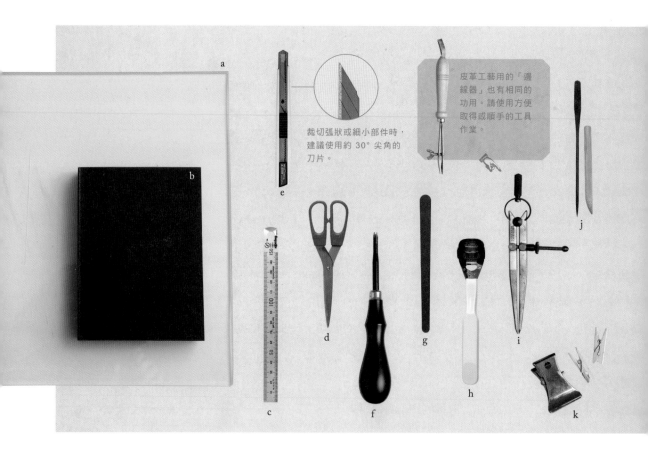

裁切弧狀或細小部件時，建議使用約 30° 尖角的刀片。

皮革工藝用的「邊線器」也有相同的功用。請使用方便取得或順手的工具作業。

a 塑膠板
當作底墊使用，以便裁切、黏貼皮革等基本作業，也可以用切割墊代替。

b 橡膠板
使用圓斬或打洞斬時，或使用菱斬開孔時的底墊。

c 尺
因為有時刀片會沿著尺的邊緣裁切皮革，建議使用金屬製的尺或一邊為金屬材質的尺。

d 剪刀
用於皮革裁剪。裁剪又薄又柔軟的皮革，或要彎曲裁剪時都很方便。

e 美工刀
用於皮革裁切。將刀片垂直抵住裁切，和剪刀相比，較不容易裁出切面歪斜的皮革。

f 削邊器
用於想削切皮革邊緣時。有很多種尺寸，請依照作品大小選用。

g 研磨片
削磨皮革邊緣，使邊緣平滑。也會用於粒面打磨時，使表面變粗，當成與其他部件黏合的接著面。

h 削薄刀
想將皮革邊緣或背面削薄，調整厚度時使用。

i 間距規

用於在皮革劃出縫線的標記線，或想標示等距記號時，如果沒有這個工具，可以用錐針代替。

j 刮刀

用於塗抹橡皮膠或接著劑的時候。如果刮刀有扁平或較細的部分，使用上會很方便。

k 夾子

用於描繪紙型時，固定黏接部位時。

l 皮革磨緣器

用於打磨皮革邊緣時。最右邊的白色皮革磨緣器的溝槽較窄，所以用於打磨一片皮革邊緣，而最左邊的皮革磨緣器還可以當成刮刀使用。

m 白膠

用於縫線打結之類的時候，乾了會變透明。

n 橡皮膠

黏貼皮革和皮革。塗抹在兩邊的黏貼面，乾了後按壓黏合。特色是凝固後依舊柔軟。

o 皮革處理劑

避免皮革起毛，使皮革平滑。種類包括用於邊緣和背面的類型，還有邊緣專用、背面專用等類型。本書主要用於邊緣處理，部分為背面處理。

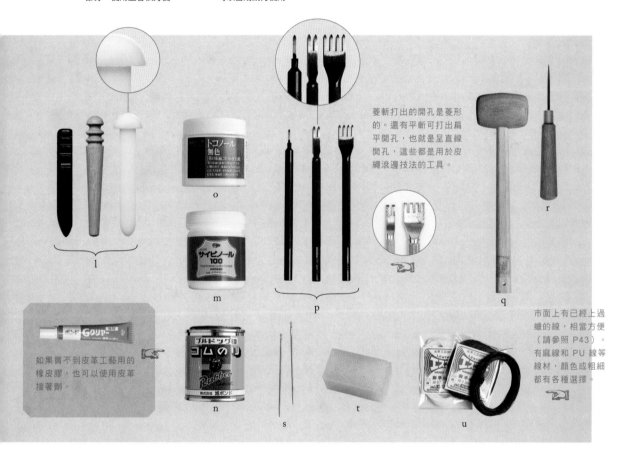

菱斬打出的開孔是菱形的。還有平斬可打出扁平開孔，也就是呈直線開孔，這些都是用於皮繩滾邊技法的工具。

如果買不到皮革工藝用的橡皮膠，也可以使用皮革接著劑。

市面上有已經上過蠟的線，相當方便（請參照 P43）。有麻線和 PU 線等線材，顏色或粗細都有各種選擇。

p 菱斬

縫皮革時，要鑽出讓縫針穿過的開孔。尺寸和針距都不同，請配合想製作的大小選擇。本書的作品都較為迷你，所以盡量使用可開出小孔的尺寸，例如孔徑 1.5mm、針距 3mm 的 4 斬、2 斬和 1 斬的尺寸。如果沒有這樣的工具，可以用錐針代替。

q 木槌

用於圓斬（或是打洞斬）、菱斬等在皮革開孔時或安裝五金時。

r 錐針

在皮革標註記號或開孔。

s 皮革針

比布用縫針長又粗。使用 2 根。為了不要傷害皮革，方便穿過開孔，針尖為圓狀。

t 蠟

麻線上蠟後可以避免產生毛邊，能夠滑順穿縫，而且還能提升縫線的韌度。

u 麻線

本書是將手縫用的細線上蠟後使用。

Basic Technique
基本技巧課程

這些是希望大家學習的基本技巧，以便使用皮革製作出袖珍小物。
只要依照每一個步驟細心作業，就可以做出漂亮的成品。
學會基本技巧後，再花點巧思變換成屬於自己的作業方法吧！

Technique 1　紙型描繪和皮革裁切

作品創作的關鍵開端就是依照尺寸準備皮革。

👉 製作紙型，
再描繪
在皮革上

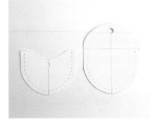

1 製作紙型
皮革裁切線、針孔位置、五金安裝位置、摺線等記號都要事先標註。

2 在皮革上描繪紙型
將紙型放在皮革上，用錐針劃出外輪廓線。為了避免偏移，用夾子固定就會方便作業。

3 標註針孔記號
在這個階段只要標註記號，還不需要在皮革上開孔。針孔、安裝五金的開孔位置等都要標註記號。

👉 皮革的
裁切

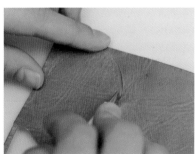

用美工刀裁切
如果皮革稍微有點厚度或有毛邊，使用美工刀裁切較為方便。請筆直裁切，讓切面保持垂直。

用剪刀裁剪
皮革柔軟或比較薄時，也可以用剪刀裁剪。連非直線的圓弧部分，用剪刀裁剪也很方便。

Point
對照紙型
直接裁切！

一旦大家習慣裁切的作業，可以直接對照紙型裁切。請小心不要在中途偏移！

Technique 2 皮革削薄

當皮革重疊顯得太厚的部分，或是想將整張皮革變得較薄時，事先處理皮革的厚薄。

使用削薄刀

只要使用專門的工具，就可以安全又輕鬆的削薄。將削薄刀抵住想調整厚薄的皮革邊緣（背面），往下滑動。

使用美工刀

如果手邊沒有削薄刀，可以用美工刀代替。斜向移動刀片削去皮革邊緣（背面）。

Point

將整個背面削薄

如果有削薄刀，就可以將整個背面削薄。只想削薄部件的一部分時，不用再另外購買皮革，也可以依照自己的喜好調整厚度，相當方便。

Technique 3 背面和邊緣的處理

塑形後不容易維護的部分要事先處理修整。

背面處理

因為背面經過加工處理，所以不適合用於需要浸濕塑形的部件。可以當成塑形後會顯露的部分，例如包包的內側等。

1 塗上皮革處理劑

用棉花棒或刮刀等將皮革處理劑塗抹整個背面。

2 用布打磨

使用舊的布即可。如果使用專用的打磨玻璃板，可以修飾得更漂亮。

3 出現光澤即完成

因為皮革處理劑在半乾的狀態最能發揮效果，所以在修飾大面積的範圍時，為了避免完全乾燥，一點一點慢慢塗抹打磨。

邊緣處理

塑形後不易打磨的部分（包包開口）要事先經過打磨處理。

1 塗抹皮革處理劑

邊緣用棉花棒或刮刀等塗上皮革處理劑。

2 用皮革磨緣器打磨

將皮革放在墊子上，配合皮革厚度抵住磨緣器的溝槽打磨。

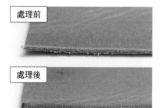

處理前

處理後

3 只要變得平滑即完成

打磨至邊緣變得平滑，出現光澤即可。

Technique 4 皮革塑形

依照皮革的特性，有的皮革用水浸濕後會變得柔軟，可以塑形。

☞ 用水浸濕

用水浸濕軟化

將想要塑形的部件整個用水浸濕。稍微放置至皮革吸收水分變軟。

如果浸濕程度不均，乾燥後會出現細紋。一旦產生不平均的情況，請再次充分浸濕。

NG

Point

請務必使用 單寧鞣革

皮革一旦浸濕就會變得柔軟，塑形後經過乾燥仍可保持形狀。然而這是單寧革才有的特徵。其他皮革可能無法完整成形，所以如果有想要塑形的時候，請使用單寧鞣革。

☞ 塑形

利用工具塑形

如果身邊有類似想要塑形的形狀，可以將皮革貼附該物件塑形，既簡單又方便。但是絕對禁止使用鐵製品。手汗、油脂和附在單寧鞣革的單寧，會和金屬產生化學反應，使皮革沾染黑漬。請使用木製和塑膠製物品。

用手直接塑形

如果是軟化後的皮革，也可以用手直接塑形。塑形的過程中可以保持形狀，所以放至乾燥即可。乾燥過程中發現形狀變形時，重新塑形即可。

Pick Up - - - - - - - - - - - - - - - -

活用於鞋子塑形的技巧

本書經常利用以下的技巧
調整鞋子楦頭和袖珍書的形狀。
使用細棒或鑷子等工具調整形狀，
或用手固定出形狀。

用筷子前端 調整鞋子楦頭

細細的筷子前端很適合用來調整袖珍鞋的楦頭。可以將原本扁平的楦頭，調整出完美的圓弧狀。

前端彎曲的鑷子也超級好用！

用筷子尾端 調整腳跟

腳跟用筷子較粗的一端調整形狀。

Technique 5 黏合
請使用橡皮膠或乾了後依舊柔軟的皮革接著劑。

背面之間黏合

1 兩面塗抹
想黏合的兩面一定都要塗上橡皮膠或皮革接著劑，塗抹後稍微放至乾燥。

2 壓緊黏合
將黏貼面相對黏合後，用力壓緊。

粒面之間黏合

> **Point**
>
> **粒面磨粗後黏合**
>
> 接著劑難以附著在加工後的粒面表面，所以將黏貼面磨粗，以便容易沾附接著劑。

用研磨片打磨
將黏貼面打磨，將粒面磨粗。

用削薄刀削磨
用削薄刀削去粒面加工部分。

Pick Up

不想產生高低差時……
如果不想讓皮革重疊後產生高低差，或是不希望出現明顯的黏接縫時，建議將黏接面斜向裁切。

①斜切
用美工刀將要黏貼的皮革邊緣，削切成相反的斜面。

②黏貼時不要產生高低差
黏合彼此裁切的部分。

Technique 6 五金安裝

讓我們來學習固定皮革和裝飾皮革的基本五金安裝方法。

事前準備～開孔

所需工具

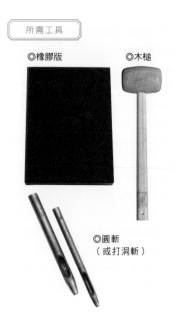

◎橡膠版　　◎木槌

◎圓斬
（或打洞斬）

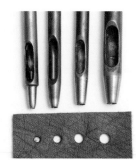

1
確認開孔大小

配合使用的五金尺寸，準備圓斬（或打洞斬）。

2
開孔

將圓斬筆直抵住粒面，用木槌敲打開孔。

雞眼扣

迷你雞眼扣

正面

背面

最小號的雞眼扣尺寸。選用的扣腳長度約是皮革厚度再加上 2～3mm。用「菊花斬」撞釘器將扣腳敲開固定。在作品安裝鑰匙圈或飾品時，可用於加強環類五金穿過的開孔。

所需工具

◎菊花斬

1 從作品的正面插入雞眼扣，扣腳從背面穿出。

2 用菊花斬抵住扣腳，用木槌敲打。

3 扣腳分開扣住皮革固定。為了避免分開的扣腳扣住菊花斬，建議平均使力地用木槌輕輕敲打。

雙面雞眼扣

底扣　　　面扣

正面　　　背面

因為會用圓形面扣固定底扣，所以適合用於兩面都會露出作品外側（正面）的時候。選用的底扣腳長約是皮革厚度再加上 2～3mm。

所需工具

◎雙面雞眼扣撞釘器
◎雙面雞眼扣撞釘底座
※請注意無法用單面雞眼扣撞釘器安裝。

1 從作品背面將底扣腳插入，蓋上面扣。

2 從正面用雙面雞眼扣撞釘器抵住，用木槌敲打。

單面雞眼扣

底扣　　　套片

正面

背面

因為用較薄的套片固定，所以適合用於底扣腳朝內側（背面）的時候。選用的底扣腳長約是皮革厚度再加上 2～3mm。

所需工具

◎單面雞眼扣撞釘器
◎單面雞眼扣撞釘底座
※請注意無法用雙面雞眼扣撞釘器安裝。

1 從作品正面將底扣插入。

 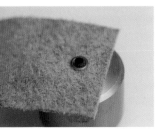

2 將套片套進背面凸出的底扣。

3 用單面雞眼扣撞釘器抵住，再用木槌敲打。

原子扣

底座　上蓋

正面

背面

原子扣上有溝槽,可以扣住一字形螺絲起子,安裝相當方便。在皮革開孔,將原子扣的上蓋套上使用,就成了包包掀蓋的鎖扣。

1 將底座從作品背面穿過。

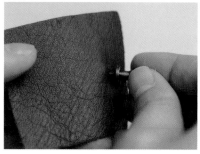

2 從作品正面套上上蓋鎖緊。從背面用一字形螺絲起子擰緊。

鉚釘

單面鉚釘
適合不著重內側設計時

底扣　面扣

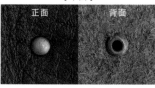
【單面】
正面　背面

使用於皮革之間,或皮革和皮繩之間重疊固定時,也會用於於袖珍作品中的裝飾。選用的腳長約是皮革厚度再加上 2～3mm。

雙面鉚釘
建議用於同樣注重內外側的設計時

底扣　面扣

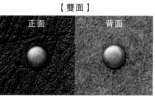
【雙面】
正面　背面

所需工具
◎雞眼扣撞釘器
◎撞釘底座

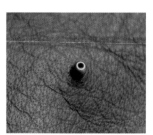

1 底扣從作品背面插入。

單面　雙面

2 從正面套上面扣。

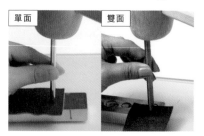
單面　雙面

3 從正面用雞眼扣撞釘器抵住,用木槌敲打。安裝單面鉚釘時使用撞釘底座的平面,安裝雙面時使用撞釘底座的凹面。

四合扣

【公扣】　【母扣】　　【公扣】　【母扣】

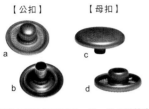

正面　　正面

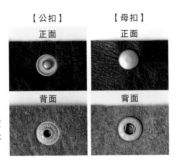

背面　　背面

所需工具

◎四合扣撞釘器
有分公扣用和母扣用，
所以要備齊兩種
◎撞釘底座

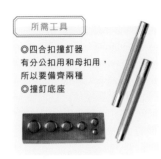

這款扣類會用來固定一片一片分開的皮革，也很常使用在服裝和包包等製品。本書也用於包包掀蓋的鎖扣。

☞ 公扣　　　　　　　　　　　　　　　　☞ 母扣

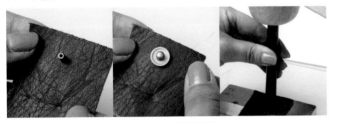

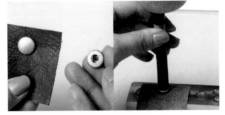

1 將 b 從作品的背面插入並由正面套上 a，從正面用撞釘器（凹面）抵住，再用木槌敲打。

2 將 c 從作品的正面插入，從背面依照照片的方向套上 d。從背面配合五金的朝向，用撞釘器（凸面）抵住，再用木槌敲打。

牛仔扣

【公扣】　【母扣】　　【公扣】　【母扣】

正面　　正面

背面　　背面

所需工具

◎牛仔扣撞釘器
（公扣和母扣通用）
◎撞釘底座

這款扣類會用來固定一片一片分開的皮革，也很常使用在服裝和包包等製品。本書只使用公扣，用來當成相機鏡頭。

☞ 公扣　　　　　　　　　　　　　　　　☞ 母扣

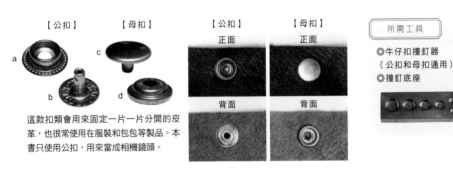

1 將 b 從作品的背面插入並由正面套上 a，從正面用撞釘器抵住，再用木槌敲打。

2 將 c 從作品的正面插入並由背面套上 d，從背面配合五金的朝向，用撞釘器抵住，再用木槌敲打。

𝒯echnique 7 皮革縫線

皮革作品表面呈現的縫線也是魅力之一。讓我們一起學習基本縫法吧！

 鑽出針孔

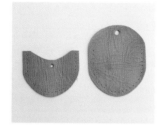

1 依照紙型裁切皮革

對照紙型標記針孔記號，裁切皮革（請參照 p34），並且開出裝設五金的開孔。

（請參照 p34）

Step Up

背面和邊緣的處理

塑形後難以維護的部分，要在這個階段先處理修整。雖然跳過這道程序也沒關係，但是包包開口和掀蓋邊緣等細部處理漂亮，作品就會更完美（請參照 p35）。

（請參照 p35）

2 安裝五金

皮革黏貼、縫合後會無法安裝五金，所以在這個階段先安裝。

3 用橡皮膠黏合

為了避免在皮革重疊鑽出針孔時偏移，可用橡皮膠固定（請參照 p37）。

（請參照 p37）

4 黏合部件

放置片刻，橡皮膠乾了後，牢牢壓緊。

5 鑽出針孔①

用菱斬抵住、對準錐針標註的針孔記號，用木槌敲打鑽孔。

Point

為了將縫線縫在皮革邊緣

鑽出針孔以便在皮革邊緣縫線，使作品更牢固。

6 鑽出針孔②

將菱斬的第 1 斬插入步驟 5 中最邊緣的針孔，繼續開孔，如此反覆就可以鑽出間距一致的針孔。

7 鑽出針孔③

重複步驟 6 直到鑽出最後一個針孔。

☞
準備縫線

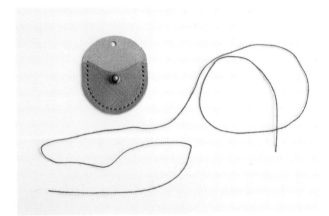

1 剪線

線長為縫線長度的 3 倍,再加上穿針後最後
方便打結的長度(約 20~30cm)。

2 將縫線上蠟①

為了讓縫線順利穿過好縫,幫縫線上
蠟。將縫線放在蠟的邊緣滑過,讓蠟在
縫線上摩擦。

〔麻線〕　　　　〔合成纖維線〕

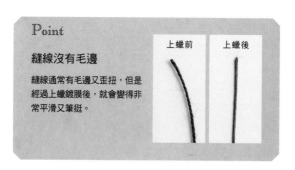

Point

縫線沒有毛邊

縫線通常有毛邊又歪扭，但是經過上蠟鍍膜後，就會變得非常平滑又筆挺。

| 上蠟前 | 上蠟後 |

3 將縫線上蠟②

將整個縫線上蠟。如果有完全上蠟，線端會直直立起。

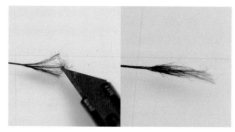

4 用美工刀削薄線端

縫線不容易穿過針孔時，用美工刀將線端鬆開、削薄、削細。

5 來回搓捻

用手指來回搓捻。很難將縫線聚集時，就再上一次蠟。

6 線端變細的樣子

另一邊的線端也用相同的方式處理。

將縫線穿針

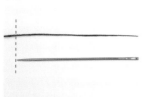

1 線端和針孔同方向

將線端和針孔齊頭擺放。

2 針尖刺穿縫線

針尖刺在距離線端和針等長的位置並且穿出。

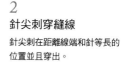

線端▶

3 針尖刺穿縫線 3 個地方

針尖再刺穿步驟 2 縫線的 2 處。

線端▶

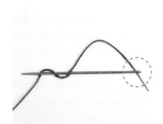
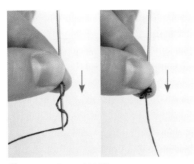
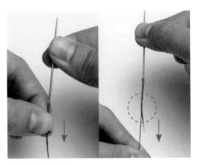

4 將線端穿過針孔

將線端穿過針孔,並且不要讓步驟 2 和 3 的線鬆脫。

5 收緊針穿過的縫線

將步驟 2 和 3 刺穿的部分往針孔的方向收緊。

6 拉出縫線

將縫線拉出,就會在針的後面形成一個結。

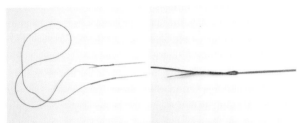

7 另一根針也穿上縫線

用相同的方式將另一根針穿線,線的兩端都有針。

縫製皮革

← 前進方向

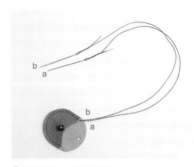

b
a

b
a

1 將針穿過最旁邊的針孔

針要保持往同一個方向縫線(本書的前進方向是由右至左)。
※依照左右手使用習慣,有些人是由左至右。

2 將縫線的長度拉齊

將從正面和背面穿出的縫線長度拉齊。
※從正面刺出的針為 a,從背面刺出的針為 b。

3 用針 a 在正面縫第 1 針

用從正面刺出的針 a 縫出第 1 針,從背面刺出。

a

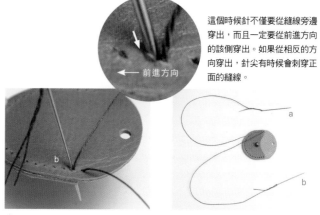

這個時候針不僅要從縫線旁邊穿出，而且一定要從前進方向的該側穿出。如果從相反的方向穿出，針尖有時候會刺穿正面的縫線。

← 前進方向

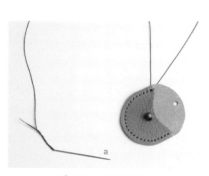

4 針 a 從背面刺出

針 a 在正面縫第 1 針，從背面刺出的樣子。

5 用針 b 在背面縫第 1 針

用從背面刺出的針 b 縫出第 1 針，再由正面刺出。

6 第 1 針縫好的樣子

正面和背面都縫好第 1 針，針 a 從背面，針 b 從正面刺出。

7 迴針縫①

在起縫處用迴針縫加強。從背面穿出的針 a 從最初的針孔刺出正面。

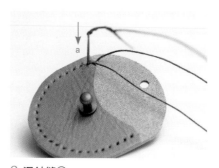

8 迴針縫②

穿出正面的針 a 從下一個針孔的背面刺出。

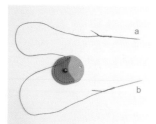

9 結束迴針縫

用針 a 結束迴針縫，在和步驟 6 相同的狀態下，第一個針孔有兩道縫線。確認步驟 6 時縫線長短的狀況，也可以用針 b 縫迴針縫。

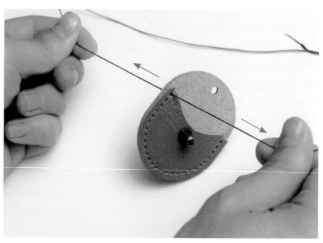

10 將縫線平均收緊

第 1 針縫好後，同時收緊正面和背面的縫線，避免縫線過鬆。

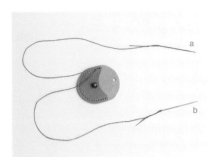

11 縫第 2 針

用針 b 從正面穿進背面，用針 a 從背面穿進正面縫
第 2 針，將正面和背面的縫線平均收緊。

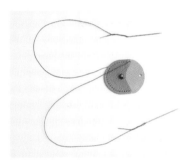

12 持續縫線

以正面到背面，背面到正面的順序穿針縫線，每縫好
一針，就將正面和背面的縫線平均收緊，再持續縫下
一針。

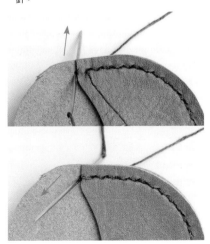

13 縫線結束

最後一針也是正面到背面、背面到正面的順序穿針縫
線，將正面和背面的縫線平均收緊。

Pick Up

讓縫線整齊！

沒有規則性的運針方式會打亂縫線針腳。
為了縫出整齊的縫線有 2 個要領。

【要領❶】
一定要讓刺出表面
的針先縫線。

【要領❷】
針從背面往正面刺出時，不僅要從縫線旁邊穿出，
而且一定要從前進方向的該側穿出。

◎正面筆直、背面稍微傾斜

作品的正面縫線呈直線，背
面的縫線稍微傾斜。針從背
面往正面刺出時，穿過另一
根針的縫線上方，就會呈現
這樣的線條。

○正面稍微傾斜、背面筆直

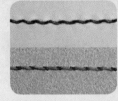 

和上面相反，背面呈直線，
針從背面往正面刺出時，穿
過另一根針的縫線下方，就
會呈現這樣的線條。正面的
縫線樣子不同，依照喜好這
種樣式也可以。

×正面和背面都呈鋸齒狀

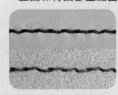

如果沒有遵守上述要領，運
針的方式沒有規則性，就會
使正面和背面的線呈鋸齒
狀。

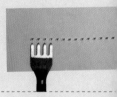

☞
將線打結

1 將白膠塗在縫線上
縫第 1 針迴針縫後打結。這時在穿過的針孔周圍塗抹白膠。

2 迴針縫①
將從正面刺出的針穿過第 1 針前面的針孔。

3 迴針縫②
用迴針縫和白膠補強。

4 背面也一樣縫上迴針縫
從背面刺出的針也一樣,在縫線塗抹白膠,穿出正面。

5 剪掉線端
在靠近針孔附近的位置剪掉兩邊的線端,用錐針等工具將線結隱藏在縫線中。
※如果在意正面有線端,可以再縫一次迴針縫,將線端收在背面。

在原子扣的開孔剪出切口即完成。

Pick Up

用平結打結

針對包包等物件,有一種更牢固的打結方法,就是在不明顯的位置(例如內側)打平結。

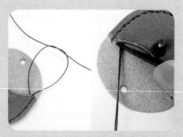

① 正面的針和背面的針各自從作品的內側穿出。

② 打 2 次平結後剪掉線端。

③ 為了使線結不要太明顯,用木槌輕輕敲打。

Technique 8 邊緣處理

「邊緣」是指皮革裁切後的切面。用研磨片打磨後，再用皮革處理劑打磨平整。

裁切後未處理的邊緣狀態。因為還會產生高低差，所以要打磨平整。

1 用研磨片打磨

2 片以上皮革重疊的部分會產生高低差，所以要打磨平整。

2 削掉邊緣

如果覺得邊緣稍微掀起或有明顯的角度，用削邊器削掉皮革邊緣。

3 塗抹皮革處理劑

用棉花棒或刮刀在邊緣塗上皮革處理劑。

4 用磨緣器打磨

用磨緣器打磨塗抹皮革處理劑的邊緣，也可以用布打磨。

完成

邊緣沒有高低差而且平滑。利用皮革處理劑打磨會產生光澤。依個人喜好也可以噴上保護漆等保護劑。

Arrange Technique
進階技巧課程

**我們以刊登的作品為範例，
介紹大家可以自行設計、感受創作樂趣的技巧，
讓各位的創作能更接近心中的理想。**

Technique 1 皮革染色

用市售的染色劑可以將皮革染成自己喜歡的顏色。

染色使用的用品

◎染色劑
居家中心或皮革工藝販售區等地方都有販售適合家庭
使用的染色劑，包括可直接使用的原液、要用水稀釋
的產品、要混合油稀釋的產品。

◎筆（刷）和調色盤
塗抹染色劑時使用。為了讓顏色平均，相對於皮革大
小，建議不要用太小的筆（刷）。

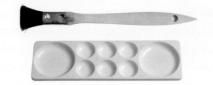

染色

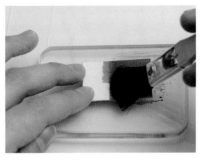

用筆塗抹
為了讓色調平均要盡
快塗色。建議一開始
薄塗，再重疊上色。

混色
利用混合染色劑，調
出自己喜歡的顏色。
為了避免染色時顏色
不夠，建議先調多一
些。

使用榔皮
榔皮非常容易染色。鉻
鞣革或經過深色加工的
皮革都不易染色。

Technique 2 包包的作法
享受設計多變，形狀多樣的創作樂趣。

Point
包包製作要領

【皮革厚度】
成品的款式會因為皮革的厚度和柔軟度而呈現不同的風格。依照想製作的包包種類和設計，挑選皮革的厚度。

【背面處理】
包包有可開合的掀蓋也是一種設計樂趣，所以建議先將背面處理平整。如果選用麂皮等柔軟的皮革，建議運用皮革本身的柔軟度，皮革背面不需經過處理。

【縫線】
縫線可以縫製成正面可見的設計，也可以縫製成收在背面的設計。另外，選用相對於皮革較醒目的縫線顏色，或只改變部分的顏色都能為作品增添活潑色彩。

Sample

P17的雙色單肩包（→材料、紙型 P80）

☞ 包包組裝

1　將掀蓋的相關部件黏合在選定的位置，將 2 片重疊的皮革一起開孔縫線，並且黏合在本體部件的選定位置。
　　將帶扣用部件穿過帶扣後，對摺黏合，再黏合在本體部件的選定位置。

2　將步驟 1 部件黏合好的掀蓋和 2 片本體黏貼在底部和側寬部件，將 2 片重疊的皮革一起開孔縫線。

3　正面相對黏合側寬，將 2 片重疊的皮革一起開孔縫線。

4　翻回正面。

☞ 提把製作

5 在提把部件的中心夾入一條細繩後
對摺黏合。

6 在距離邊緣 3mm 處開
孔縫線。

Point
這時只在貼有細繩的部分開
孔，距離兩端 1.5cm 處不要
開孔。

7 剪掉一半的縫份，將兩
端修剪成圓弧狀。

☞ 提把安裝

8 用圓斬在提把開出鉚釘孔。

9 用鉚釘將提把固定在步驟 4 的包
包側寬。

10 用圓斬鑽出穿過帶扣的開孔。

Sample

P17的雙色書包 (→材料、紙型 P81)

☞ 提把製作

1 將提把部件（D）穿過方形環後往
中央摺起黏合。

2 將提把部件（F）摺三摺，包覆步
驟 1 後黏合。

3 在中央開孔縫線。

☞ 掀蓋製作

4 將掀蓋的相關部件黏合在選定位置,將 2 片重疊的皮革一起開孔縫線。

5 用圓斬在安裝提把用的部件(E)鑽出鉚釘孔。

6 用鉚釘將提把固定在步驟 4 的掀蓋。

☞ 包包組裝

7 將帶扣用部件穿過帶扣後,對摺黏合,再黏在本體部件的選定位置。包底和側寬與 2 片本體黏合,將 2 片重疊的皮革一起開孔縫線。

8 將掀蓋黏貼在包底和側寬部件的選定位置,將 2 片重疊的皮革一起開孔縫線。正面相對黏合側寬,將 2 片重疊的皮革一起開孔縫線(→請參照 p51 的步驟 3)。翻回正面,用圓斬鑽出穿過帶扣的開孔。

Sample

P15 的編織包 (→材料、紙型 P77)

> **Point**
> 這時右邊第 2 條皮革在內側,第一條皮革則在外側,請不要黏錯。

☞ 本體製作

1 將本體部件切割。

2 背面朝上,將右邊 2 條長帶如照片般黏貼。

從背面看的樣子　　從粒面看的樣子

3 將剩下的皮革交錯穿過步驟 2 橫向穿過的 2 條皮革。

4 將步驟 3 穿過的皮革末端依序黏在包口內側。這時候黏貼得整齊牢固,就能呈現出包包美麗的格紋。

5 在包口中央開孔。

6 橫向穿過一條皮繩（第1條）。

7 橫向穿過一條皮繩（第2條）。

8 將橫向穿過的皮繩末端稍微重疊後裁掉，並黏合在內側。

☞
包口縫線

9 準備包口和提把。
　※如照片般顯示，包口內側皮繩較短。

Point
重疊了好幾片皮革會變厚，所以一邊留意一邊慢慢仔細縫合。

10
縫製包口皮繩時，從當成包包反面的該側中央開始縫。包口內側皮繩的粒面和包口內側，要正面向外縫合。

11
在適當的位置將提把夾在本體和包口皮繩之間並縫合。最後收尾時將縫線橫跨皮繩兩端縫合。

Technique 3 帽子的作法
將部件縫合做出圓弧的帽型。

Point

帽子製作要領

【皮革削薄】
為了做出圓弧形，要將皮革部件重疊縫合。要事先將厚度會增加的部分削薄，才能做出漂亮的成品。

【邊緣上色】
邊緣部分塗上和皮革不同的顏色，會成為作品完成時的造型亮點。

【邊緣處理】
尤其帽簷的邊緣，從作品的正面看時會很醒目，所以要處理得更加仔細。

Sample P24的報童帽（→材料、紙型 P92）

本體組合

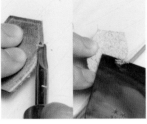

1 削掉本體部件的邊緣。縫合前要將重疊部分的背面削薄，建議稍微削薄一些。

2 在邊緣塗色。選擇比皮革稍微深的顏色，會增加作品的變化性。邊緣需經過處理。

3 依序縫合本體部件。

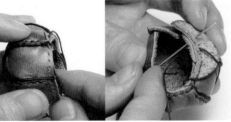

4 周圍縫上一圈縫線。中途連帽簷都一起縫合。

頭頂部件的接合

5 將皮繩穿過（用鉗子較容易將皮繩穿過）頭頂部件打結固定。將皮繩穿過本體，並與頭頂部件固定結合。

Technique 4　皮鞋的作法
製作時主要分成楦頭、腳跟、鞋底這 3 大部件。

Point

皮鞋製作要領

【浸濕塑形】

楦頭要做成圓弧狀，要將皮革浸濕軟化才能塑形。另外浸濕後，曲線較多的部件也比較好縫製。

【皮革厚度】

鞋底要縫上楦頭、腳跟等本體部件，建議選用 2mm 厚的皮革，這樣才不容易變形。

【邊緣處理】

楦頭、腳跟等本體和 2 片鞋底重疊，側面會變得很厚。最後要將邊緣切齊並且仔細修整，就能完成漂亮的成品。

Sample

本體組裝

楦頭和腳跟部件分開的鞋款可以跳過這個步驟。

P13的工程靴 （→材料、紙型 P75）

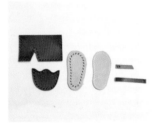

1　裁切材料，事先剪出所需的切口。鞋帶部件穿過日字扣。鞋底先準備大一圈的尺寸，最後再裁切就能完成漂亮的成品。

2　楦頭部件和腳（鞋筒）的部件用水浸濕。

3　先縫合楦頭部分，腳（鞋筒）的部分縫直線。

楦頭部分
的縫合

4　將步驟 3 縫合在 2mm 厚的鞋底。並將鞋帶部件一起縫合在選定位置。

5　只縫好楦頭部分的樣子。為了讓楦頭成形，腳跟部分先不縫。

☞
楦頭塑形

6　將筷子等細棒從腳跟插入,輕輕將楦頭皮革往上推,做出圓弧狀。

7　縫合腳跟部分,組裝鞋帶。將鞋帶的一端縫在腳(鞋筒)的部分,另一端用接著劑黏合。

☞
調整形狀

Point
調整楦頭時,建議使用前面彎曲的鑷子。

8
調整腳跟部件的形狀。使用筷子較粗的一端會比較方便塑形。

☞
黏貼、裁切鞋底

Point
如果習慣使用美工刀,像照片一樣沿著本體的皮革,移動美工刀削掉多餘的部分。但是,有些皮革較硬,所以請小心施力,以免受傷。

9　將 1mm 厚的鞋底黏好後,用美工刀依照本體的尺寸裁切,修整形狀。將美工刀的刀片垂直切入,筆直切割。

☞
邊緣處理

10　用研磨片打磨邊緣,使其平滑。

11　塗抹皮革處理劑,並且打磨使其平滑。鞋底也要塗上皮革處理劑,輕輕打磨。

Point
依喜好也可以噴漆等塗上保護劑。

本書收錄的皮鞋作法　彙整

◎皮革建議使用單寧鞣革

建議大家使用單寧鞣革，特色是浸濕會軟化。如果沒有這個特色，楦頭就無法塑形。

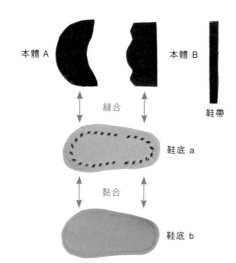

本體 A⋯⋯⋯⋯⋯鞋子
厚〔1.0mm〕　楦頭部分

本體 B⋯⋯⋯⋯⋯鞋子
厚〔1.0mm〕　腳跟部分

鞋底 a⋯⋯⋯⋯⋯和本體
厚〔2.0mm〕　縫合的鞋底

鞋底 b⋯⋯⋯⋯⋯和鞋底 a
厚〔1.0mm〕　黏合的鞋底

◎鞋底建議使用 2.0mm
　和 1.0mm 厚的皮革

和本體部件縫合的皮革，建議選用稍微厚一點的 2.0mm 尺寸。鞋底做得牢固些可以防止變形，也比較容易做成左右對稱的鞋型。而最後黏在鞋子最底層的皮革，則選用 1.0mm 厚的尺寸。這部分的重點在於懂得靈活區分運用。

Point

鞋底 a、b 要裁切得比本體大一些，最後用美工刀修整，就可以做出漂亮的成品。

(圖中標示：本體 A、本體 B、鞋帶、縫合、鞋底 a、黏合、鞋底 b)

事前準備

依照作品，事先縫合本體 A 和 B。

1

將浸濕的本體 A 縫合在鞋底 a
→將楦頭塑形。

2

將浸濕的本體 B 縫合在鞋底 a
→將腳跟塑形。

※在縫本體 A 和 B 時，視鞋款的設計，要連同鞋帶等配件部件一起縫合。

3

黏貼鞋底 b。

4

裁掉鞋底多餘的部分。

5

邊緣處理等最後修飾。

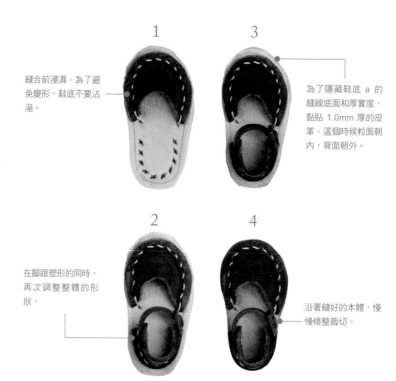

1　縫合前浸濕。為了避免變形，鞋底不要沾溼。

2　在腳跟塑形的同時，再次調整整體的形狀。

3　為了隱藏鞋底 a 的縫線底面和厚實度，黏貼 1.0mm 厚的皮革。這個時候粒面朝內，背面朝外。

4　沿著縫好的本體，慢慢修整裁切。

About Shoes

各種鞋型

袖珍鞋的魅力就在於不是要讓人實際穿上的鞋子，所以能讓人盡情發揮想像力。
另一方面，又能享受創作模擬實際鞋款的樂趣。
本篇會介紹一些實際既有的鞋款種類，大家何不嘗試活用在作品創作中。

◎ 皮鞋製作方法

鞋面（腳背）和鞋底的組合主要
分成 3 大類，就是用線縫合的
方法、用接著劑黏合的方法和一
體成型的方法。本篇從各種製作
方法中挑選 2 種便於袖珍製作
的方法。

手縫外翻縫工法

用縫線將鞋面和鞋底縫合的方法，鞋面皮革的邊
緣在外，完成後可以在鞋子表面看到縫線。將縫
有鞋面的中底和鞋底（大底）用接著劑黏合。本
書刊登的鞋子製作方法類似這種方式。

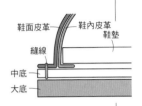

黏合製鞋工法

鞋面和鞋底用接著劑黏合的製作方法。由於接著劑的
品質提升，女性淑女鞋等市售鞋款大多採用這種方
法。袖珍鞋款也可以只用接著劑製作出類似的鞋款。

◎ 各種皮鞋的造型

靴子、涼鞋等鞋子有各種款式。
以下介紹幾款本書未在袖珍鞋中刊登的幾種款式。

巴爾莫勒爾鞋

有鞋帶設計的一種鞋款，鞋帶穿過的
鞋面部件在內側為封閉式鞋襟，鞋帶
穿過的部分在外側則是開放式鞋襟，
屬於正式的款式。

樂福鞋

懶人鞋的一種（沒有鞋帶就可套上的
鞋款 slip-on）。還有一種是流蘇樂
福鞋，在鞋面部分有流蘇的裝飾。

孟克鞋

鞋面穿鞋口處有鞋帶，用扣環固定在
側面。據說這是源自阿爾卑斯山修道
士所穿的扣帶鞋。

後空鞋

淑女鞋的腳跟為後空設計，是將鞋帶
套在腳跟穿上的鞋款。

穆勒鞋

後面整個後空，只有楦頭包覆腳的涼
鞋。

切爾西靴

鞋筒有點高度，將鞋筒側邊的部分剪
掉，縫上鬆緊帶。

Technique **5** 袖珍書的作法

書本用縫線裝訂，封面為皮革，充滿格調，壓印上文字更為逼真。

Point --

袖珍書製作的要領

【使用 2 種皮革】

封面和內頁使用不同的皮革，做出差異就能更像一本書。內頁使用淺色的皮革，讓沾有墨水壓印的文字清晰可見。

【剪齊切口】

將內頁縫線縫合的另一邊（切口）修齊，不要讓內頁超過封面。

【浸濕後整形】

部件都縫合好後，最後直接浸泡水中浸濕軟化，摺出摺痕調整形狀。

Sample ### P 2 6 的袖珍書 （→材料、紙型 P94）

☞ 部件準備

1 準備封面。在封面本體用鉛字素色壓印出文字（→請參照 P61）。用鉚釘固定扣帶，縫上固定部件。

2 內頁的 3 片皮革對摺，用封面包覆，確認是否超出封面並且修整裁切。

3 在內頁的頁面加上文字（→請參照 P61），將步驟 2 修整的部分（切口）經過邊緣處理。

☞ 縫線裝訂

6 從正中央摺出摺痕，調整形狀。

4 將封面和 3 片內頁重疊後，在中央縫線。

5 為了摺出摺痕，用水浸濕軟化皮革。

Step Up

用鉛字在皮革加上文字

有專門在皮革加上記號或圖案的刻印,這裡我們使用的是鉛字壓印,
請大家試試在書中加入單字。方法簡單,只要備齊工具,大家就可以挑戰看看。

使用工具

◎鉛字

這些是用於活版印刷、鑄有文字的金屬。大家可以一個字一個字壓印,而想要拼成單字使用時,請用膠帶固定並且垂直壓印。

◎玻璃板

◎印章用墨水

壓印後,還有浸濕皮革的步驟,所以要使用油性墨水。

◎木槌

☞ 素色壓印(未上色)

① 為了容易印出鉛字的痕跡,將皮革浸濕軟化。

② 將鉛字放在皮革上,用木槌輕輕敲打。

③ 在皮革上留下文字的痕跡。

☞ 上色

① 在鉛字上塗上顏色。

※為了印出鉛字的痕跡,將皮革浸濕軟化。

② 將鉛字放在皮革上,用木槌輕輕敲打。在皮革上留下沾有顏色的文字痕跡。

大家可以購買一個一個分開的鉛字。除了有英文單字,還有平假名、片假名和漢字。另外,還有各種皮革工藝用的圖案,讓設計充滿樂趣。

How to Accessories

飾品裝飾

將做好的作品當成鑰匙圈、
包包綴飾或裝飾隨身攜帶也別有一番樂趣，
請考量作品的尺寸和耐久性，挑選適合的方法，
做成自己喜歡的造型。

【裝飾方法❶】

在作品的一部分穿上繩帶

如果作品本身就有提把、繩帶或皮帶等，
就可以直接穿過皮繩或繩線類的裝飾。
大家也可以事先縫上讓繩帶穿過的皮帶。

如果作品原本就有繩帶
設計，大家可以再加裝
上長皮繩或綴飾用的部
件。安裝時請小心，有
可能發生縫線綻鬚、皮
革本身破損的情況。

【裝飾方法❷】

利用環類五金，再裝上繩帶

將迷你雞眼扣或圓形環等五金安裝在作品的一處。
依據環類五金的大小，
可以直接穿繩或先裝上另一種環類，
大家可以自由設計。

將圓形環穿過迷你雞眼
扣，再將 2 個圓形環
扣在一起。從較小的部
件安裝至較大的部件，
再依照大小選用可穿過
的皮繩。

繩線類

建議選擇皮繩、麻繩或蕾絲等材質輕巧的繩帶。
若使用鍊帶，需加裝雞眼扣或圓形環，因為鍊帶較重，避免作品受損。

a 皮革圓繩
b 皮革扁繩
c 皮革細圓繩
d 皮革風合成
　PU 扁繩
e 皮革風
　尼龍扁繩

皮革和皮革風材料
a　b　c
d　e

其他材料
a　b
c
d

a 麻繩
b 蕾絲
c 復古金鍊
d 金屬鍊

環類

環類有很多種形狀，有簡約款也有設計款。
請配合作品造型和形狀選擇喜歡的種類。

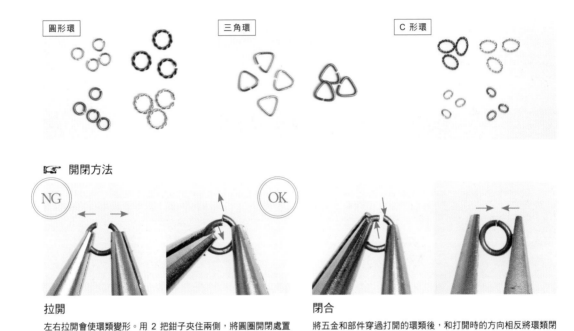

圓形環　　　　　　　　三角環　　　　　　　　C 形環

☞ 開閉方法

NG　　　　　　　　　OK

拉開
左右拉開會使環類變形。用 2 把鉗子夾住兩側，將圓圈開閉處置於中央，再直接往前後拉開。

閉合
將五金和部件穿過打開的環類後，和打開時的方向相反將環類閉合。如果中間有縫隙，請慢慢往內側夾緊。

吊飾和鑰匙圈等五金類

五金類不但大多重量較重，
而且為金屬材質，
這些都會損壞皮革，
所以在安裝時，
會使用雞眼扣或圓形環等金屬
部件，如果要直接安裝，
請選擇安裝在皮帶厚實等較牢
固的部件。

a 鑰匙圈
b 包包綴飾
c 旋轉扣
d 蝦扣
e 螃蟹扣
f 圓珠鍊扣
g 吊飾

HOW
to
MAKE
揭載書中作品的作法

本篇將介紹刊登在第 6～27 頁
的作品作法。請在瀏覽材料以
及作法之後，就動手準備和作
業吧！關於基本技巧請參考第
28 頁之後的「基本和進階課
程」。

●尺寸的標記僅為參考值。依照使用的皮革、製作的過程，成品的大小多少會有一些差異。●依照刊登作品標示了皮革的
厚度。使用不同厚度的皮革時，成品的形狀和軟硬度會稍有不同，請依個人喜好設計。●準備的皮革尺寸為稍微大一些的
尺寸，初學者準備大一點的尺寸會比較方便操作。●紙型的虛線代表針孔，在標記針孔的記號時，請用錐針鑽在虛線的中
央。●麻線請上蠟後使用，或選用已上蠟的麻線。●皮革相黏時使用的接著劑標示為「橡皮膠」，也可以用皮革接著劑。
●黏貼布料或收整繩線時使用的接著劑為「白膠」。●菱斬請選用孔徑 1.5mm、針距 3mm 的尺寸。

1

包頭鞋

↓

P6

size
寬　約 2cm
長　約 3.7cm
高　約 2cm

design
poucette

材料（單腳的分量）

【皮革】
1.0mm 厚的皮革（A～C 部件用）
………………………………………… 8×10cm
2.0mm 厚的皮革（D 部件用）
………………………………………… 5×5cm
1.0mm 厚的皮革（E 部件用）
………………………………………… 5×5cm
【其他材料】
棉布（F 部件用）………… 5×5cm
車縫線（厚布用線）…………… 適量
日字扣（內徑 4mm）……… 2 個

所需的工具

塑膠板、尺、錐針、美工刀、剪刀、橡皮膠、白膠、菱斬、木槌、皮革針、筷子等細棒、研磨片、皮革磨緣器、皮革處理劑

實物大紙型

※此為右腳紙型。
製作左腳時，
請將紙型翻轉使用。

A（本體）1片

切口

B（腳跟）1片

C（鞋帶）1片

F
（鞋墊）
1片

D（鞋底a）
1片

E（鞋底b）1片

Point

D（鞋底 a）和 E（鞋底 b）先裁切得比紙型大一圈，縫合後再剪掉多餘的部分。

1 用白膠將 F（鞋墊）黏在 D（鞋底 a）的針孔內側。

2 將 C（鞋帶）穿過 A（本體）的切口後，用水浸濕。

3 將 A（本體）縫在 D（鞋底 a）。將 A 兩邊的針孔開孔，從邊緣第 2 個針孔開始縫線。請注意不要縫到鞋帶。

4 用筷子等細棒將步驟 3 的楦頭推出圓弧形。

5 將 B（腳跟）用水浸濕，並且縫在 D（鞋底 a）。這個時候，B（腳跟）的邊緣在 A（本體）的外側，B 和 A 兩邊的針孔重疊。從步驟 3 起縫的同一針孔開始縫線。

6 將 C（鞋帶）穿過日字扣，並且在鞋帶和 B（腳跟）鞋帶安裝孔重合的位置開孔，並且縫線。剪掉多餘的皮革。有日字扣的該側用橡皮膠黏貼，斜向剪掉多餘的鞋帶。

7 黏貼上 E（鞋底 b）後，剪掉多餘部分。

8 邊緣和 E（鞋底 b）的背面需經過處理（詳細說明請參照 p57）。

1

2

4

5

7

8

Pick Up

要製作成如 P6 般的飾品時

【材料】

迷你雞眼扣⋯⋯⋯⋯⋯ 2 個
圓形環（小）⋯⋯⋯⋯ 1 個
圓形環（中）⋯⋯⋯⋯ 2 個
圓形環（大）⋯⋯⋯⋯ 1 個
束環⋯⋯⋯⋯⋯⋯⋯⋯ 1 個
皮繩⋯⋯⋯⋯⋯⋯⋯ 60cm

【作法】

用圓斬在 B（腳跟）開孔，裝上迷你雞眼扣。利用裝有雞眼扣的部件做成包頭鞋飾品。在迷你雞眼扣上分別裝上圓形環（中），再用 1 個圓形環（小）扣在一起。皮繩對摺，穿過束環後在繩端打結。用圓形環（大）和圓形環（小）相扣在皮繩對摺處。

2

繫帶鞋

↓

P8

size
寬　約 1.8cm
長　約 3.8cm
高　約 1.8cm

design
poucette

材料（單腳的分量）

【皮革】
1.0mm 厚的皮革（A～C 部件用）
………………………… 8×10cm
2.0mm 厚的皮革（D 部件用）
………………………… 5×5cm
1.0mm 厚的皮革（E 部件用）
………………………… 5×5cm
【其他材料】
棉布（F 部件用）………… 5×5cm
車縫線（厚布用線）……………適量
日字扣（內徑 4mm）………2 個

所需的工具

塑膠板、尺、錐針、美工刀、剪刀、橡皮膠、白膠、菱斬、木槌、皮革針、筷子等細棒、研磨片、皮革磨緣器、皮革處理劑

實物大紙型

※此為右腳紙型。
製作左腳時，請將紙型翻轉使用。

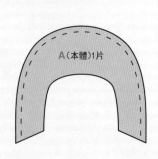

A（本體）1片

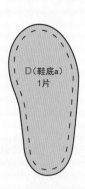

D（鞋底a）
1片

E（鞋底b)1片

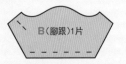

B（腳跟）1片

F
（鞋墊）
1片

Point

D（鞋底 a）和 E（鞋底 b）
先裁切得比紙型大一圈，縫合後再剪掉多餘的部分。

C（鞋帶）1片

作法

1　用白膠將 F（鞋墊）黏在 D（鞋底
　　a）的針孔內側。

2　將 A（本體）用水浸濕後，縫在 D
　　（鞋底 a）。將 A 兩邊的針孔開孔，
　　從邊緣第 2 個針孔開始縫線。

3　用筷子等細棒將步驟 2 的檀頭推出
　　圓弧形。

4　將 C（鞋帶）穿過日字扣，並且在鞋
　　帶和 B（腳跟）鞋帶安裝孔重合的位
　　置開孔，並且縫線。

5　將 B（腳跟）用水浸濕，並且縫在 D
　　（鞋底 a）。這個時候，B（腳跟）
　　的邊緣在 A（本體）的外側，B 和 A
　　兩邊的針孔重疊。從步驟 2 起縫的
　　同一針孔開始縫線。

6　調整腳跟的形狀。

7　將 E（鞋底 b）黏在步驟 6 後，剪掉
　　多餘的部分。

8　將 C（鞋帶）日字扣的該側用橡皮膠
　　黏貼，斜向剪掉多餘的鞋帶。

9　邊緣和 E（鞋底 b）的背面需經過處
　　理（詳細說明請參照 p57）。

1

3

5

6

馬爾凱包

↓

P9

- - - - - - - - - - - - - - - - - - -

size
寬　約 4.3cm
高　約 4.3cm（包含提把）
深　約 2cm

design

poucette

材料

【皮革】
1.0mm 厚的皮革（A、B 部件用）
.... 8×8cm
1.0mm 厚的皮革（C 部件用）
.... 3×7cm
【其他材料】
車縫線（厚布用線）………… 適量

所需工具

塑膠板、尺、錐針、美工刀、木槌、橡
皮膠、菱斬、皮革針、皮革處理劑、皮
革磨緣器

作法

1 將 C（提把）對摺縫合。

2 將步驟 1 的提把縫在 A（本體）。

3 將步驟 2 的兩邊縫合。並將想當成
　正面的皮革朝外側。

4 將 B（包底）的粒面當成包底後，和
　步驟 3 縫合。

實物大紙型

C（提把）2片

A（本體）2片

B（包底）1片

Point
想加上標籤時，在裁切好 A（本
體）後，先將標籤縫合在本體
上，再將本體縫合。

圓筒包

↓

P11

size

寬　約 3.5cm
高　約 2.2cm
深　約 2.2cm

design

poucette

材料

【皮革】
1.0mm 厚的皮革（A、E 部件用）
.... 8×8cm
1.0mm 厚的皮革（B～D 部件用）
.... 4×10cm
【其他材料】
車縫線（厚布用線） ………… 適量
迷你鉚釘（雙面） ……………2 顆

所需工具

塑膠板、尺、錐針、美工刀、剪刀、圓
斬（7 號）、鉚釘撞釘器、木槌、橡皮
膠、菱斬、皮革針

作法

1 將 B（皮帶）的一邊用橡皮膠黏在 A
　（本體）的切口外側。

2 將 D（皮帶扣）穿過 A（本體）的切
　口，平放在背面後用橡皮膠黏貼。

3 將步驟 1 的皮帶穿過步驟 2 的皮帶
　扣，並且沿著 A 將 C（提把）用迷
　你鉚釘固定在下方。

4 將 E（側寬）和步驟 3 縫合。

3

實物大紙型

B（皮帶）2片 ○

○　C（提把）1片　○

D（皮帶扣）2片

E（側寬）2片

A（本體）1片

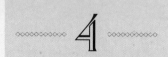

綁帶鞋

↓

P10

size
寬　約 1.8cm
長　約 3.8cm
高　約 2.5cm

design
poucette

材料（單腳的分量）

【皮革】
1.0mm 厚的皮革（A、B 部件用）
……………………………… 9×9cm
2.0mm 厚的皮革（C 部件用）
……………………………… 5×5cm
1.0mm 厚的皮革（D 部件用）
……………………………… 5×5cm
【其他材料】
車縫線（厚布用線）………… 適量
皮革細圓繩 ………………… 適量

所需工具

塑膠板、尺、錐針、美工刀、剪刀、圓斬（5 號）、木槌、橡皮膠、白膠、菱斬、皮革針、筷子等細棒、研磨片、皮革磨緣器、皮革處理劑

實物大紙型　　　※此為右腳紙型。
製作左腳時，請將紙型翻轉使用。

A（本體）1片

B（本體）1片

Point

C（鞋底 a）和 D（鞋底 b）
先裁切得比紙型大一圈，縫合
後再剪掉多餘的部分。

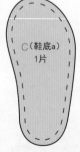

C（鞋底a）
1片

D（鞋底b）1片

作法

1 將 A（本體）和 B（本體）用水浸濕後，將兩邊縫合。

2 將步驟 1 的楦頭（A 部件）該側縫在 C（鞋底 a）。

3 用筷子等細棒將步驟 2 的楦頭推出圓弧形。

4 將腳跟該側（B 部件）縫在 C（鞋底 a）。

5 調整腳跟的形狀。

6 黏貼上 D（鞋底 b）後，剪掉多餘的部分。

7 邊緣和 D（鞋底 b）的背面需經過處理（詳細說明請參照 p57）。

8 皮繩穿過開孔後，打出一個蝴蝶結。

Point

為了避免繩結鬆脫，塗上白膠固定。

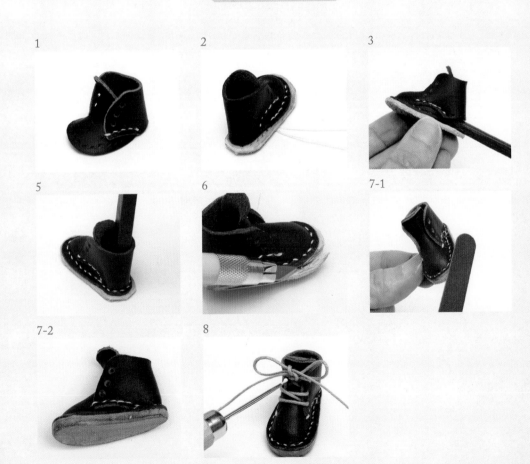

1

2

3

5

6

7-1

7-2

8

6

包頭涼鞋

↓

P12

size
寬　約 1.8cm
長　約 3.8cm
高　約 3cm

design
poucette

材料（單腳的分量）

【皮革】
1.0mm 厚的皮革（A、B 部件用）
…………………………………… 5×8cm
2.0mm 厚的皮革（C 部件用）
…………………………………… 5×5cm
1.0mm 厚的皮革（D 部件用）
…………………………………… 5×5cm
【其他材料】
麻線 …………………………………適量
日字扣（內徑 4mm）…………2 個

所需工具

塑膠板、尺、錐針、美工刀、剪刀、橡皮膠、菱斬、木槌、皮革針、筷子等細棒、研磨片、皮革磨緣器、皮革處理劑

作法

1 將 B（鞋帶）穿過 A（本體）的切口後，再穿過日字扣。

2 將 B（鞋帶）沿著 A（本體），在和 A 針孔重疊的位置開孔。

3 將步驟 2 用水浸濕，並且縫在 C（鞋底 a）。這個時候不要忘記連同 B（鞋帶）一起縫合。

4 用筷子等細棒將步驟 3 的楦頭推出圓弧形。剪掉 B（鞋帶）多餘的鞋帶。

5 將 D（鞋底 b）黏在步驟 4 後，剪掉多餘的部分。

6 邊緣和 D（鞋底 b）的背面需經過處理（詳細說明請參照 p57）。

A（本體）1片

實物大紙型

※此為右腳紙型。
製作左腳時，請將紙型翻轉使用。

B（鞋帶）1片

D（鞋底b）1片

C（鞋底a）
1片

Point
C（鞋底 a）和 D（鞋底 b）先裁切得比紙型大一圈，縫合後再剪掉多餘的部分。

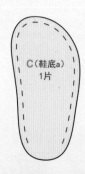

7

工程靴

↓

P13

size
寬　約 1.8cm
長　約 3.8cm
高　約 3cm

design
poucette

材料（單腳的分量）

【皮革】
1.0mm 厚的皮革（A～D 部件用）
.... 8×10cm
2.0mm 厚的皮革（E 部件用）
.... 5×5cm
1.0mm 厚的皮革（F 部件用）
.... 5×5cm

【其他材料】
車縫線（厚布用線）............適量
日字扣（內徑 4mm）..........4 個
蕾絲 ....適量

所需工具

塑膠板、尺、錐針、美工刀、剪刀、橡皮膠、菱斬、木槌、皮革針、筷子等細棒、研磨片、皮革處理劑、皮革磨緣器

作法

詳細說明請參照 P56～57，
依喜好加入蕾絲裝飾。

實物大紙型

※此為右腳紙型。
製作左腳時，請將紙型翻轉使用。

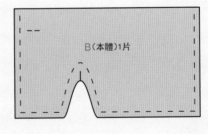

A（本體）1片

B（本體）1片

F（鞋底b）1片

Point

E（鞋底 a）和 F（鞋底 b）
先裁切得比紙型大一圈，縫合
後再剪掉多餘的部分。

C（鞋帶）1片

D（鞋帶）1片

E（鞋底a）
1片

8

繫帶涼鞋

↓

P14

size
寬　約 1.7cm
長　約 3.8cm
高　約 1.5cm

design
poucette

材料（單腳的分量）

【皮革】
1.0mm 厚的皮革（A～C 部件用）
‥‥‥‥‥‥‥‥‥‥‥‥‥‥‥ 8×8cm
2.0mm 厚的皮革（D 部件用）
‥‥‥‥‥‥‥‥‥‥‥‥‥‥‥ 5×5cm
1.0mm 厚的皮革（E 部件用）
‥‥‥‥‥‥‥‥‥‥‥‥‥‥‥ 5×5cm

【其他材料】
車縫線（厚布用線）‥‥‥‥‥‥ 適量
日字扣（內徑 4mm）‥‥‥‥‥ 2 個

所需工具

塑膠板、尺、錐針、美工刀、剪刀、橡皮膠、菱斬、木槌、皮革針、筷子等細棒、研磨片、皮革磨緣器、皮革處理劑

作法

1 將 A（本體）用水浸濕後，縫在 D（鞋底 a）。從 D 的針孔起針，在 A 的皮革邊緣縫線。

2 用筷子等細棒將步驟 1 的檀頭推出圓弧形。

3 將 C（鞋帶）穿過日字扣，並且在鞋帶和 B（腳跟）鞋帶安裝孔重合的位置開孔，並且縫線。

4 將 B（腳跟）用水浸濕，並且縫在 D（鞋底 a）。

5 調整腳跟部分的形狀。

6 黏貼上 E（鞋底 b）後，剪掉多餘的部分。

7 將 C（鞋帶）日字扣的該側用橡皮膠黏貼，斜向剪掉多餘的鞋帶。

8 邊緣和 E（鞋底 b）的背面需經過處理（詳細說明請參照 p57）。

1

4

實物大紙型

※此為右腳紙型。
製作左腳時，請將紙型翻轉使用。

A（本體）1片

B（腳跟）1片

- - C（鞋帶）1片

D（鞋底 a）
1片

E（鞋底 b）1片

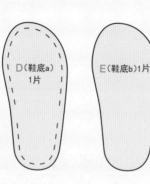

Point
D（鞋底 a）和 E（鞋底 b）
先裁切得比紙型大一圈，縫合後再剪掉多餘的部分。

9

編織包

↓

P15

size
寬　約 4.3cm
長　約 4cm（包含提把）
厚　約 1cm

design
革雜貨工房 UGLY

材料

【皮革】
1.0mm 厚的皮革 ········　10×18cm
【其他材料】
麻線 ································　適量

所需工具

塑膠板、尺、錐針、美工刀、剪刀、橡皮膠、菱斬、木槌、皮革針、皮革磨緣器、皮革處理劑

作法

詳細說明請參照 P53～54

實物大紙型

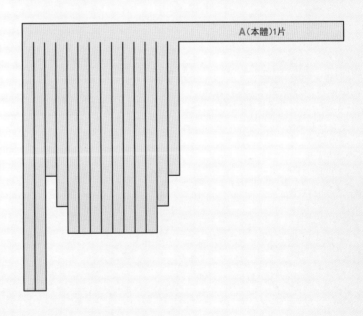

A（本體）1片

B（提把）2片

C（滾邊）2片

D（編織）2片

10

圓底托特包

↓

P16

size
寬　約 5.5cm
高　約 5.5cm（包含提把）
深　約 3cm

design
Peppermint
Green

材料

【皮革】
1.0mm 厚的皮革 ············· 18×18cm
【其他材料】
麻線 ·································· 適量
細繩 ·································· 8cm
圓形環（10mm）·············· 4 個

所需工具

塑膠板、尺、間距規、錐針、美工刀、
剪刀、橡皮膠、白膠、菱斬、皮革針、
皮革處理劑、皮革磨緣器

實物大紙型

Point
A（本體）和 B（包底）在距
離邊緣 3mm 的位置開孔，A
（本體）的上下左右的 4 處
（四個邊角）一定要開孔！

A（本體）4片

B（包底）1片

C（包口）1片

D（提把）1片

細繩黏貼位置

E（提把連接帶）4片

78

1 將 4 片 A（本體）縫成筒狀。重疊時，連接提把的皮革在前，兩邊側寬的皮革在後。

2 將本體翻到反面，和 B（包底）縫合。縫合後，翻回正面。

3 製作提把（詳細說明請參照 p52）。在 D（提把）的背面薄薄塗上接著劑後，黏上剪成 4cm 的細繩。將提把像包覆細繩般對摺，用間距規在距離邊緣 3mm 的位置劃線，用菱斬鑽出針孔後縫線。用美工刀切去一半的縫份，再用剪刀將兩邊修圓。

Point
只在黏貼細繩的部分鑽出針孔，距離兩邊的 1.5cm 部分不要開孔。

4 將圓形環穿過 E（提把連接帶）後對摺黏貼。用菱斬在中央開一個孔。

5 將步驟 4 對齊步驟 2 A（本體）的針孔，用橡皮膠暫時固定。

6 將 C（包口）對齊步驟 5 A（本體）的針孔，用橡皮膠暫時固定後縫合。

Point
和 E（提把連接帶）重疊的部分有厚度，不容易縫合，請注意。

7 將步驟 3 的提把穿過圓形環後邊緣摺起，用橡皮膠暫時固定。用錐針開 2 個孔，縫線固定。

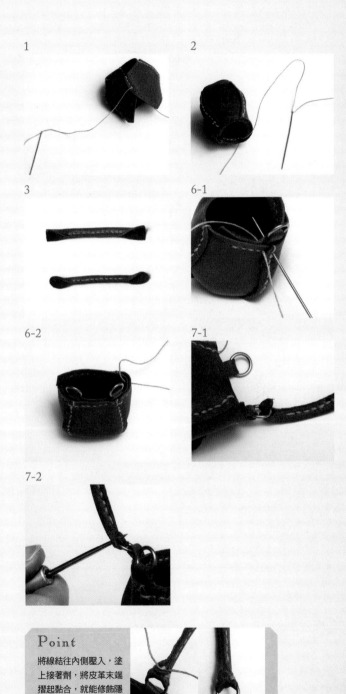

1 2

3 6-1

6-2 7-1

7-2

Point
將線結往內側壓入，塗上接著劑，將皮革末端摺起黏合，就能修飾隱藏。

11

雙色單肩包

↓

P17

size

短邊　約 5cm
長邊　約 8cm（包含提把）
厚　　約 1cm

design

Peppermint
Green

【材料】

【皮革】
1.0mm 厚的皮革（B 部件用）
.... 5×10cm
1.0mm 厚的皮革（B 以外的部件用）
.... 10×15cm
【其他材料】
麻線 ....適量
細繩 5cm
迷你鉚釘（單面）................. 2 顆
帶扣 ....1 個

【所需工具】

塑膠板、尺、錐針、美工刀、圓斬（5
號）、鉚釘撞釘器、木槌、橡皮膠、菱
斬、皮革針、皮革處理劑、皮革磨緣器

【作法】

詳細說明請參照 P51～52

實物大紙型

C（帶扣用）1片

E（掀蓋）1片

F（肩帶）1片

細繩黏貼位置

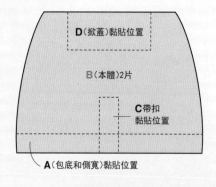

D（掀蓋）黏貼位置

B（本體）2片

C帶扣
黏貼位置

A（包底和側寬）黏貼位置

D
（掀蓋）
1片

E
（掀
蓋
黏
貼
位
置

A（包底和側寬）1片

11

雙色書包

↓

P17

---

size
短邊　約 5.3cm
長邊　約 6cm（包含提把）
厚　約 1cm

design
Peppermint
Green

材料

【皮革】
1.0mm 厚的皮革（B 部件用）
····································· 5×12cm
1.0mm 厚的皮革（B 以外的部件用）
····································· 10×15cm
【其他材料】
麻線 ····························適量
迷你鉚釘（單面）············2 顆
方形環（6mm）··············2 個
帶扣 ·····························1 個

所需工具

塑膠板、尺、錐針、美工刀、圓斬（5
號）、鉚釘撞釘器、木槌、橡皮膠、菱
斬、皮革針、皮革處理劑、皮革磨緣器

作法

詳細說明請參照 P52～53

實物大紙型

D（提把）1片

E（提把）2片

I I G（掀蓋皮帶）1片

H（帶扣用）1片

F（提把）1片

C（掀蓋）黏貼位置

B（本體）2片

H（帶扣）
黏貼位置

A（本體和側寬）黏貼位置

C（掀蓋）1片

G
（掀蓋）
黏貼位置

A（本體和側寬）1片

復古學生書包

↓

P19

size
短邊　約 4.3cm
　　　（不包含提把）
長邊　約 5cm
厚　　約 1.5cm

design
手作皮革工房 Oharu Studio
（矢島春菜）

材料

【皮革】
2.5mm 厚的皮革（A、D 部件用）
.... 10×12cm
1.5mm 厚的皮革（B、C 部件用）
.... 4×12cm
【其他材料】
麻線 .... 適量
迷你鉚釘（雙面）.................... 2 顆
四合扣（10mm）: .... 1 個

所需工具

塑膠板、尺、錐針、美工刀、圓斬（7
號及 10 號）、四合扣撞釘器、鉚釘撞
釘器、木槌、橡皮膠、菱斬、皮革針、
皮革處理劑、皮革磨緣器

實物大紙型

Point

先修整好邊緣，以免與背
面縫合後無法處理。

D（本體）1片

B（側寬）1片

間距比其他部分寬

間距比其他部分寬

間距比其他部分寬

間距比其他部分寬

A（本體）1片

C（提把）1片

1 將四合扣的公扣安裝在 D（本體），將四合扣的母扣安裝在 A（本體）。

2 用迷你的鉚釘將 C（提把）安裝在 A（本體）。

3 將 D（本體）和 B（側寬）縫合。邊角處繼續縫線，就可以呈現自然的圓弧形。

> **Point**
> 皮革邊緣用迴針縫就會很牢固。

4 順著 B（側寬）的弧狀，裁掉 D（本體）的邊緣。

5 將步驟 4 縫在 A（本體），將整個 A 的周圍縫線。

> **Point**
> 步驟 4 的邊緣用迴針縫就會很牢固。

6 剪掉 A（本體）的邊角。

7 修整邊緣（詳細說明請參照 p51）。

1.2

3

4   6

14

旅行箱

↓

P20

size
短邊　約 3.5cm
　　　（不包含提把）
長邊　約 5cm
深　　約 1.5cm

design
Peppermint Green

材料

【皮革】
1.0mm 厚的皮革 ············ 15×15cm
【其他材料】
迷你鉚釘（單面） ············· 10 顆
方形環（6mm） ··················· 2 個
帶扣 ····························· 1 個

所需工具

塑膠板、尺、錐針、美工刀、雕塑刀
（三角刀）、圓斬（5 號）、鉚釘撞
釘器、木槌、橡皮膠、菱斬、皮革處
理劑、皮革針、皮革磨緣器

實物大紙型

Point
先修整好邊緣，以免與背面縫合
後無法處理。

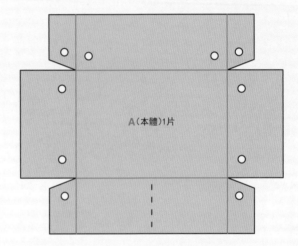

A（本體）1片

D（提把）
1片

B（掀蓋）1片

E（提把）1片

F（提把連接帶）1片

C（皮帶）1片

1 用雕刻刀在 A（本體）和 B（掀蓋）的背面劃出摺痕。

> **Point**
>
> 為了做出漂亮的方形，關鍵是劃出明顯的摺痕。請注意不要割破皮革，並且劃出明顯的摺痕。標記線清楚就能方便作業。

2 製作提把（詳細說明請參照 p52～53）。將 E（提把）穿過方形環後，兩端摺起並且在中央黏合。將 D（提把）摺三摺後，像包裏 E（提把）般黏合。用菱斬開孔，縫上縫線。

3 將 F（提把連接帶）穿過步驟 **2** 的方形環後，對摺黏合。以圓斬開孔，用迷你鉚釘將 F（提把連接帶）固定在 A（本體）。

4 用迷你鉚釘將 A（本體）和 B（掀蓋）的四角固定組合。

5 在 C（皮帶）剪出切口，穿過帶扣，摺起黏貼後開孔。

6 將 B（掀蓋）和 C（皮帶）縫合。縫到掀蓋邊緣時，覆蓋在 A（本體），將 B（掀蓋）、C（皮帶）和 A（本體）重疊縫合。

7 將 C（皮帶）穿過帶扣，在恰當的位置用錐針開孔。

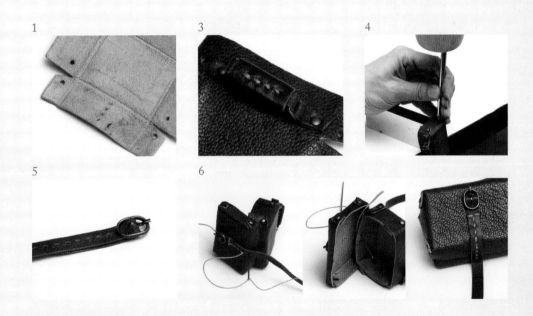

15

背包

↓

P21

size
寬　約 4.8cm
高　約 6.5cm（包含提把）
深　約 2.3cm

design
Peppermint Green

材料

【皮革】
1.0mm 厚的麂皮 ……… 16×18cm
【其他材料】
麻線 ……………………………… 適量
皮繩 …………………………… 15cm
日字扣（內徑 4 mm）………2 個
帶扣 ……………………………1 個

所需工具

塑膠板、尺、錐針、美工刀、圓斬
（5 號）、木槌、橡皮膠、菱斬、
皮革針

各部件的作法

1 製作肩帶
在 E 的背面薄薄塗上橡皮膠，兩邊往中央黏合。為了隱
藏黏貼處，將 F 重疊黏貼。用間距規在中心劃線後，開
孔縫線。

2 製作提把
在 K 的背面薄薄塗上橡皮膠，對摺黏
合。用間距規在距離邊緣 3mm 處劃線
後，開孔縫線。剪掉一半的縫份。

3 製作肩帶扣帶
將 I 穿過日字扣，對摺黏合。

4 製作掀蓋
將 H 黏貼在 G 的選定位置，用間距規
在中心劃線後，開孔縫線。

作法

1 將掀蓋黏貼在 A（背面），將提把和
肩帶依照片圖示黏貼。

> Point
>
> 因為皮革重疊會變厚，為了避
> 免開孔時偏移，用橡皮膠暫時
> 固定。

2 重疊後，用橡皮膠黏上 B（背面），
暫時固定。在 B 的選定位置開孔並
且縫線。

3 將肩帶扣帶超出前面邊緣 5mm 後用
橡皮膠暫時固定。

4 將剪出切口的 J 對摺並穿過帶扣。
在背面塗上橡皮膠後黏貼，用橡皮膠
暫時固定在 D（本體）的選定位置
後縫合。

5 將 A（背面）和 D（本體）正面相
對，縫合兩邊。

6 將 C（包底）縫在步驟 5。

7 將步驟 6 翻回正面，將皮繩穿過包
口開孔。

8 將 L（束扣）摺三摺後包裹皮繩，在
正中央縫線。為了不讓皮繩鬆脫，在
末端打結。

9 將肩帶穿過日字扣，調整長度，在適
當的長度剪掉多餘的部分。

10 將 H（掀蓋）穿過帶扣，在適當的位
置開孔後扣起。

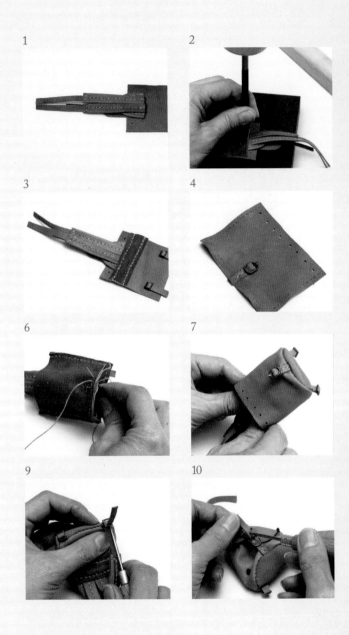

1　2
3　4
6　7
9　10

※紙型在 p88。→

87

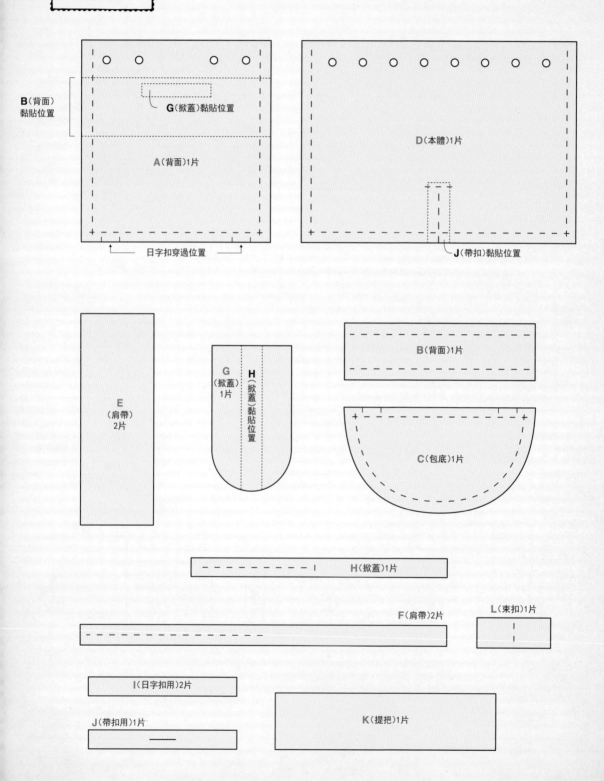

實物大紙型

B（背面）黏貼位置

G（掀蓋）黏貼位置

A（背面）1片

D（本體）1片

日字扣穿過位置

J（帶扣）黏貼位置

E（肩帶）2片

G（掀蓋）1片　H（掀蓋）黏貼位置

B（背面）1片

C（包底）1片

H（掀蓋）1片

F（肩帶）2片

L（束扣）1片

I（日字扣用）2片

J（帶扣用）1片

K（提把）1片

12

相機

↓

P18

size
寬　約 3cm
高　約 3.2cm（不包含提把）
深　約 2.8cm

design
革雜貨工房 UGLY

材料

【皮革】
2.5mm 厚的皮革（A、D 部件用）
.... 5×23cm
1.0mm 厚的皮革（B、C、E 部件用）
.... 3×15cm
【其他材料】
麻線 ....適量
牛仔扣（公扣）..............1 個

所需工具

塑膠板、尺、錐針、美工刀、剪刀、圓斬（8 號）、牛仔扣撞釘器、木槌、橡皮膠、菱斬、皮革針

實物大紙型

Point

E 最好使用 3mm 厚的皮革。如果沒有時，請用 2～3 片的 1.0～1.5mm 皮革重疊黏貼。如果有 5mm 圓斬或打洞斬，就很容易完成開孔作業。

作法

1 將牛仔扣安裝在 B（本體外側），並縫上 C（繩帶）。

2 用喜歡的縫法將步驟 1 的兩邊縫合固定。

3 將 A（本體內側）捲成橢圓狀，用橡皮膠暫時固定邊緣。

4 用研磨片將步驟 3 的粒面稍微磨粗後，塗上橡皮膠，從上面嵌入步驟 2 後黏合。

5 將 4 片 D（閃光燈）黏合，剪成喜歡的形狀角度。將 E（快門按鈕）黏合。

6 將步驟 5 的部件黏合在步驟 4。

D
（閃光燈）
4片

E（快門按鈕）1片

C（繩帶）1片

B（本體外側）1片

A（本體內側）1片

16

學生書包

↓

P22

size

短邊　約 4.3cm
　　　（不包含提把）
長邊　約 5cm
厚　　約 1.5cm

design

手作皮革工房 Oharu Studio
（矢島春菜）

【皮革】
2.5mm 厚的皮革（A〜E 部件用）
………………………… 9×12cm
1.0mm 厚的皮革（F 部件用）
………………………… 3×4cm
【其他材料】
麻線 …… 適量（喜歡的 2 種顏色）
迷你鉚釘 …………………… 2 顆
四合扣（10mm）……………… 1 個
日字扣（內徑 4mm）……… 2 個

材料

所需工具

塑膠板、尺、錐針、美工刀、圓斬（7
號及 10 號）、四合扣撞釘器、鉚釘撞
釘器、木槌、橡皮膠、菱斬、皮革針、
皮革處理劑、皮革磨緣器

實物大紙型

Point

先修整好邊緣，以免與背面縫
合後無法處理。

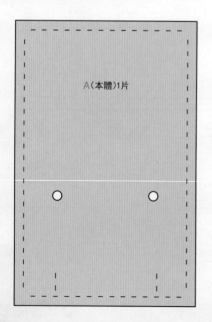

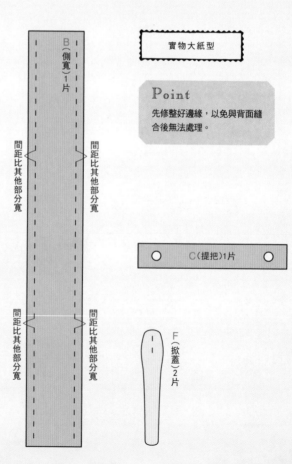

A（本體）1片

B
（側寬）
1
片

間距比其他部分寬

間距比其他部分寬

間距比其他部分寬

間距比其他部分寬

○　　C（提把）1片　　○

F
（掀蓋）
2片

作法

1 將四合扣安裝在 D（本體）和 E（掀蓋內側）。

2 用迷你鉚釘將 C（提把）安裝在 A（本體）。

3 將日字扣安裝在 F（掀蓋），再縫在 A（本體）。

4 將 D（本體）和 B（側寬）縫合。邊角處繼續縫線，就可以呈現自然的圓弧形。

> **Point**
> 皮革邊緣用迴針縫就會很牢固。

5 順著 B（側寬）的弧狀，裁掉 D（本體）的邊緣。

6 將步驟 5 和 E（掀蓋內側）縫在 A（本體），將整個 A 的周圍縫線。

> **Point**
> 步驟 5 和 E 的邊緣用迴針縫就會很牢固。

7 剪掉 A（本體）的邊角。

8 修整邊緣（詳細說明請參照 p51）。

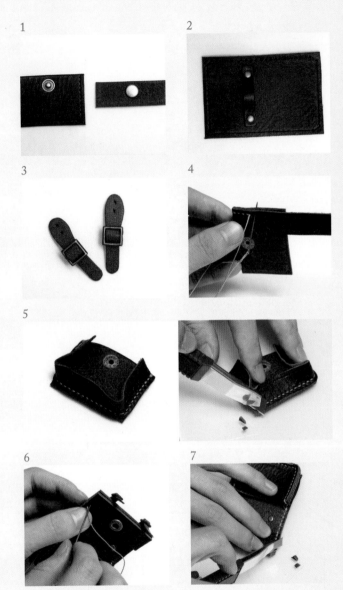

1

2

3

4

5

6

7

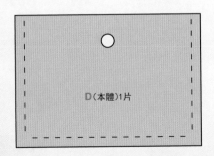

D（本體）1片

E（掀蓋內側）1片

18

報童帽

↓

P24

P24

size
直徑　4.5cm（不含帽簷）
高　　約 2.5cm

design
手作皮革工房 Oharu Studio
（矢島春菜）

材料

【皮革】
1.5mm 厚的皮革 ············· 9×12cm
【其他材料】
麻線 ·····························適量
皮繩（3mm 幅）············· 13.5cm

所需工具

塑膠板、尺、錐針、美工刀、打洞斬
（2mm、7mm）、木槌、菱斬、皮革
針、皮革處理劑、皮革磨緣器

作法

詳細說明請參照 P55

詳細說明請參照 P55

實物大紙型

C（頭頂部件）2片

A（本體）6片

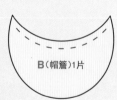

B（帽簷）1片

Point
用打洞斬做出 C（頭頂部
件）。

19

相機

↓

P25

size

寬　約 2.5cm
高　約 2.8cm（不包含提把）
深　約 1.2cm

design

革雜貨工房 UGLY

材料

【皮革】
2.5mm 厚的皮革
········· 7×7cm（A、F、J 部件用）
1.0mm 厚的皮革
············ 3×12cm（D、I 部件用）
1.0mm 厚的皮革 ········6×14cm
　　（B、C、E、G、H 部件用）
【其他材料】
麻線 ··································少許
牛仔扣（公扣）················ 1 個
迷你鉚釘 ························ 1 顆

所需工具

塑膠板、尺、錐針、美工刀、剪刀、圓
斬（7 號、8 號）、四合扣撞釘器、鉚
釘撞釘器、木槌、橡皮膠、菱斬、皮革
針

作法

1 將鉚釘安裝在 C（正面上方），將
　牛仔扣安裝在 D（正面下方）。

2 將 4 片 A（本體）重疊黏貼，用 B、
　C、D 包覆黏合。

3 將 I（繩帶）縫在 E（側邊）後，黏
　在步驟 2。

4 將 3 片 F 重疊黏貼，將 G 黏在兩
　面，將 H 沿著邊緣包覆黏合。

5 將步驟 4 的閃光燈和快門按鈕黏在
　步驟 3。

實物大紙型

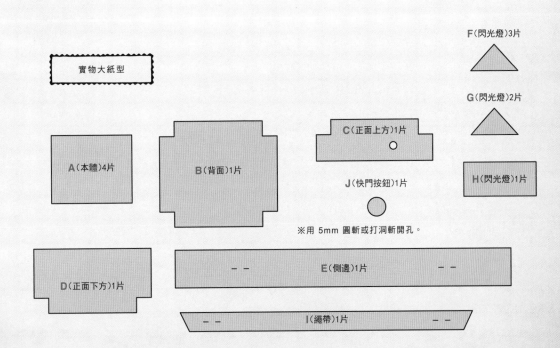

F（閃光燈）3片

G（閃光燈）2片

A（本體）4片　　B（背面）1片　　C（正面上方）1片

J（快門按鈕）1片

H（閃光燈）1片

※用 5mm 圓斬或打洞斬開孔。

D（正面下方）1片　　E（側邊）1片

I（繩帶）1片

袖珍書

↓

P22

size

短邊　約 2.4cm
長邊　約 3cm
厚　　約 0.5cm

design

手作皮革工房 Oharu Studio
（矢島春菜）

材料

【皮革】
1.0mm 厚的皮革（A 部件用）
.... 4×6cm
【其他材料】
麻線 ....適量
紗布（B 部件用） .... 10×17cm

所需工具

塑膠板、尺、錐針、美工刀、剪刀、菱斬、木槌、皮革針、皮革處理劑、皮革磨緣器、喜歡的鉛字、印台

作法

1 用鉛字素色壓印在 A（封面）（詳細說明請參照 p61）。

2 將 B（內頁）的紗布重疊後對摺。

3 將 A 對摺，夾住步驟 2 後縫線。

> Point
> 兩邊都用線縫在皮革邊緣，就會很牢固。

4 將紗布剪齊。

袖珍課本

↓

P26

size

短邊　約 2.3cm
長邊　約 3cm
厚　　約 1.2cm

design

手作皮革工房 Oharu Studio
（矢島春菜）

實物大紙型

A（封面）1片

B（內頁）10片

3

4

材料

ⓐ
【皮革】
1.0mm 厚的皮革（B 以外的部件用）
‥‥‥‥‥‥‥‥‥‥‥‥‥‥ 6×6cm
1.0mm 厚的皮革（B 部件用）
‥‥‥‥‥‥‥‥‥‥‥‥‥ 6×10cm
【其他材料】
麻線 ‥‥‥‥‥‥‥‥‥‥‥‥‥適量
迷你鉚釘 ‥‥‥‥‥‥‥‥‥‥‥1 顆

ⓑ
【皮革】
1.0mm 厚的皮革（A 部件用）
‥‥‥‥‥‥‥‥‥‥‥‥‥‥ 4×6cm
1.0mm 厚的皮革（B 部件用）
‥‥‥‥‥‥‥‥‥‥‥‥‥ 6×10cm
皮繩（3mm 寬）‥‥‥‥‥‥ 18cm
【其他材料】
麻線 ‥‥‥‥‥‥‥‥‥‥‥‥‥適量

ⓒ
【皮革】
1.0mm 厚的皮革（A 部件用）
‥‥‥‥‥‥‥‥‥‥‥‥‥‥ 4×6cm
1.0mm 厚的皮革（B 部件用）
‥‥‥‥‥‥‥‥‥‥‥‥‥ 6×10cm
1.0mm 厚的皮革（C 部件用）
‥‥‥‥‥‥‥‥‥‥‥‥ 1.5×18cm
【其他材料】
麻線 ‥‥‥‥‥‥‥‥‥‥‥‥‥適量

所需工具

塑膠板、尺、錐針、美工刀、菱斬、木槌、皮革針、皮革處理劑、印台、皮革磨緣器、圓斬（7 號）（只有 a、b）以及喜歡的鉛字、鉚釘撞釘器（只有 a）

作法

ⓐ
詳細說明請參照 P60

ⓑ
1 參照 P60，將 A（封面）和 B（內頁）縫合並調整形狀。

2 將皮繩穿過 A 的開孔後，在末端打結。捲繞書本一圈後在前面適當的位置打結，剪掉多餘的部分。

ⓒ
1 參照 P60，將縫有 C 的 A（封面）和 B（內頁）縫合後，調整形狀。

2 將 C 捲繞書本一圈後在前面適當的位置打結，剪掉多餘的部分。切口部分要經過邊緣處理。

實物大紙型

C（繩帶）1 條

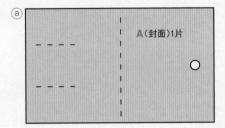

ⓐ A（封面）1片

ⓑ A（封面）1片

ⓒ A（封面）1片

ⓐⓑⓒ共通

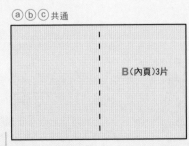

B（內頁）3片

D（固定部件）1片
ⓐ

C（扣帶）1片
ⓐ

95

監修　大河渚

多摩美術大學畢業，創立皮革鞋款&配件品牌「tokyo toff」。人氣娃娃鞋「shoes album」使用了日本國內鞋製的高質感豬皮，製作如相簿般的外盒，成了大受歡迎的品項。她還創立了小班制的皮革配件教室「class toff」。曾榮獲 Japan Leather Award 2012 大賞。

room 103
tokyo toff.

〔tokyo toff〕
http://www.tokyotoff.com/
〔class toff〕
http://www.tokyotoff.com/classtoff/

刊登作家介紹

 〔Peppermint Green〕
http://yaplog.jp/bag-meister/

 〔poucette（野野宮聰子）〕
http://ameblo.jp/cocoa-322/

 〔革雜貨工房 UGLY〕
http://www016.upp.so-net.ne.jp/UGLY/

 〔手作皮革工房 Oharu Studio（矢島春菜）〕
http://ameblo.jp/oharu-studio/

國家圖書館出版品預行編目(CIP)資料

可愛袖珍皮革創作配件：細膩精巧的傳統手縫皮件 =
Miniature leather craft / 大河渚作; 黃姿頤翻譯. -- 新北
市 : 北星圖書事業股份有限公司, 2022.02
96 面 ; 18.8×24 公分
ISBN 978-986-06765-7-0(平裝)

1.皮革 2.手工藝

426.65　　　　　　　　　　　　　　　　　426.65

staff

設計　　牧良憲（KUANI）
攝影　　加藤新作（封面、p6～29）
　　　　中垣美沙（p30～96）
造型　　大島有華
紙型和插畫　UEIDO
編輯合作　山川裕美

攝影合作　AWABEES
　　　　東京都澀谷區千駄谷 3-50-11
　　　　明星大樓 5F
　　　　tel 03-5786-1600

　　　　UTUWA
　　　　東京都澀谷區千駄谷 3-50-11
　　　　明星大樓 1F
　　　　tel 03-6447-0070

參考文獻　『新靴の商品知識』F-WORKS
　　　　『手縫い靴のすべて』Leather craft Phoenix

可愛袖珍皮革創作配件
細膩精巧的傳統手縫皮件

作　　者　大河渚
翻　　譯　黃姿頤
發　　行　陳偉祥
出　　版　北星圖書事業股份有限公司
地　　址　234 新北市永和區中正路 458 號 B1
電　　話　886-2-29229000
傳　　真　886-2-29229041
網　　址　www.nsbooks.com.tw
E-MAIL　nsbook@nsbooks.com.tw
劃撥帳戶　北星文化事業有限公司
劃撥帳號　50042987
製版印刷　皇甫彩藝印刷股份有限公司
出 版 日　2022 年 02 月
I S B N　978-986-06765-7-0
定　　價　380 元

如有缺頁或裝訂錯誤，請寄回更換。

臉書粉絲專頁　　　　　LINE 官方帳號